基于 MEMS 技术的热梯度器件研究

聂金泉 著

中国水利水电出版社
www.waterpub.com.cn
·北京·

内 容 提 要

本书提出了一种基于 MEMS 技术的热梯度器件，设计了一种新型梯度加热器，通过理论分析和数值模拟对器件的温度性能进行优化，并完成温度性能测试。

本书可供相关专业领域研究人员参考阅读，也可作为相关学院研究生以上师生的参考资料。

图书在版编目（CIP）数据

基于MEMS技术的热梯度器件研究 / 聂金泉著. —— 北京：中国水利水电出版社，2018.12 （2025.4 重印）
ISBN 978-7-5170-7299-7

Ⅰ. ①基… Ⅱ. ①聂… Ⅲ. ①微机电系统—工艺过程设计—研究 Ⅳ. ①TH-39

中国版本图书馆CIP数据核字(2018)第291862号

书　　名	基于 MEMS 技术的热梯度器件研究 JIYU MEMS JISHU DE RE TIDU QIJIAN YANJIU
作　　者	聂金泉　著
出版发行	中国水利水电出版社
	（北京市海淀区玉渊潭南路 1 号 D 座 100038）
	网址：www. waterpub. com. cn
	E-mail：sales@ waterpub. com. cn
	电话：(010) 68367658（营销中心）
经　　售	北京科水图书销售中心（零售）
	电话：(010) 88383994、63202643、68545874
	全国各地新华书店和相关出版物销售网点
排　　版	北京智博尚书文化传媒有限公司
印　　刷	三河市元兴印务有限公司
规　　格	170mm×240mm　16 开本　12.5 印张　160 千字
版　　次	2019 年 4 月第 1 版　2025 年 4 月第 3 次印刷
印　　数	0001—2000 册
定　　价	59.00 元

前　　言

本书提出了一种基于 MEMS 技术的热梯度器件，设计了一种新型梯度加热器，通过理论分析和数值模拟对器件的温度性能进行优化，并完成温度性能测试。

本书主要讲述如下内容。

1. 结合各种常用材料的特性，可以选择热梯度器件的制作材料。通过理论分析提出了增加铝薄膜来增强温度梯度非线性的方法；分析了微通道内的流体流动对基体和流体的温度的影响，设计了微通道芯片的结构和尺寸；分析了加热器的功率与温度的关系，提出了一种新型梯度加热器的设计，由 6 个微加热芯片组成，每个微加热芯片包含一个梯度单元和一个补偿单元。

2. 采用数值模拟分析了铝薄膜的几何尺寸（宽度和厚度）对温度梯度和功耗的影响，为温度梯度的优化设计提供了参考，在综合考虑温度梯度和功耗的情况下，确定了铝薄膜的几何尺寸；分析了梯度加热器的热功率与温度的关系，设计了梯度单元和补偿单元的电阻，优化了微加热芯片的排列方式，并设计了温度控制系统，将梯度加热器作为一个整体进行控制。

3. 采用 MEMS 微加工技术加工和制作微加热芯片与玻璃-PDMS 微通道芯片，分别开发了微加热芯片和玻璃-PDMS 微通道芯片的工艺流程；分析了工艺流程中的关键工艺步骤，包括热氧化、薄膜沉积、金属溅射、PDMS

模塑成型、SU-8光刻、氧等离子体键合，确定了各步骤的关键工艺参数，完成了微加热芯片和玻璃-PDMS微通道芯片的加工；通过微加热芯片的引线键合与微通道芯片进口、出口的密封连接完成了系统构建。

4. 采用红外热像仪测试了器件的温度性能，得到了梯度加热器的功率与温度特性，玻璃-PDMS微通道芯片的温度梯度，以及高温区域的温度均匀性，与数值模拟分析的结果进行了对比，从温度性能的角度证明了设计的正确性及可行性。

本书在写作过程中参考了部分相关的文献，在此对原作者表示衷心的感谢并致以崇高的敬意。

本书观点均由本人经研究、核实后提出，供相关领域研究人员参考，期望起到抛砖引玉之效。由于作者水平有限，书中出现不当之处在所难免，恳请专家、同行们不吝提出宝贵的修改意见。

作　者

2018年9月

目　　录

第1章 绪 论

1.1 MEMS 技术

1.1.1 MEMS 的概念

微机电系统（micro electromechanical systems，MEMS），是指可批量制作的，集微机构、微传感器、微执行器及信号处理和控制电路，乃至通信和电源等于一体的微型器件或机电系统。MEMS 是随着半导体集成电路技术、微细加工技术和超精密机械加工技术的发展而发展起来的[1,2]。

MEMS 技术是一种典型的多学科交叉研究领域，几乎涉及电子技术、机械技术、物理学、化学、生物医学、材料科学、能源科学等自然及工程科学的所有领域[3]。MEMS 技术发展初期以半导体硅技术为主，MEMS 器件以硅基材料为主，其加工制作技术以硅微加工技术为主导，其系统的集成也基于硅微电子集成技术。目前，MEMS 器件涉及的技术和材料有了很大的扩展，如技术上采用了 LIGA、电铸、激光技术等，在材料方面，扩展到了玻璃、各种有机聚合物等。MEMS 技术的目标是通过系统的微型化、集成化来探索具有新原理、新功能的器件和系统，从而开辟一个新技术领域和产业。MEMS 既可以深入狭窄空间完成大尺寸机电系统所不能完成的任务，又可以嵌入大尺寸系统中，把自动化、智能化和可靠性提高到一个全新的水平。

微机电系统具有微型化、集成化、智能化、成本低、性能高、可以大批量生产等优点，已经广泛应用于仪器测量、无线通信、能源环境、生物医学、国防军事、航空航天、汽车电子以及消费电子等多个领域，并将继续对人类的科学技术、工业生产、国防军事、能源化工等领域产生深远的影响[4,5]。

1.1.2　MEMS 的制造工艺

MEMS 制造工艺（MEMS fabrication process）是下至纳米尺度、上自毫米尺度微结构加工工艺的通称。广义上的 MEMS 制造工艺，其方式十分丰富，几乎涉及各种现代加工技术，主要制造技术途径有以下三种。

（1）以美国为代表的、以集成电路加工技术为基础的硅基微加工技术，主要由光刻、薄膜淀积、湿法腐蚀和干法刻蚀等半导体工艺组成。

（2）以德国为代表发展起来的 LIGA 技术。LIGA 工艺包括 X 射线曝光、微电铸和微复制成型三个基本步骤，可以用于制备高深宽比（$1\mu m$ 宽，$1000\mu m$ 深）的微结构。

（3）以日本为代表发展起来的精密加工技术。

1. 光刻

光刻是一种将掩膜版的图形转移到衬底表面的图形复制技术，即利用光源选择性照射光刻胶层使其化学性质发生改变，然后显影去除相应的光刻胶。光刻得到的图形一般作为后续工艺的掩膜。光刻胶是实现光刻图形转移的材料，分为正胶和负胶。正胶经过光照的部分高分子材料发生裂解，在显影液中溶解；负胶经过光照的部分发生交联，在显影液中不溶解。因此，正胶曝光显影后得到的图形与掩膜版上不透光的图形相同，而负胶曝光显影后的图形与掩膜版上不透光的图形相反，即同样的掩膜版，用正胶和负胶得到的图形刚好相反，如图 1.1 所示。负胶感光速度高、黏附性好、抗蚀能力强，成本低，但分辨率较低；正胶分辨率高，但是黏附性差，成本高。光刻胶一般通过旋转匀胶的方式涂覆到衬底表面，首先衬底被固定到旋转的台面上，光刻胶被点在衬底的中心位置，然后衬底以很高的速度旋转，在离心力的作用下，光刻胶会向衬底的边缘运动，如图 1.2 所示，当衬底停止旋转的时候，厚度均匀的光刻胶便覆盖在衬底的表面。光刻胶的典型厚度通常是 1 ～10μm。

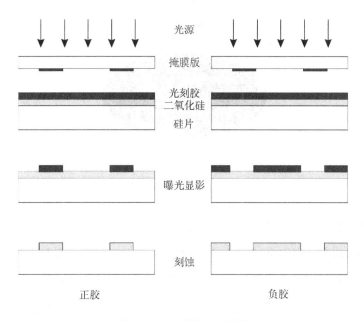

图 1.1 光刻原理示意图

曝光可分为投影式曝光和投射式曝光，投影式曝光是将掩膜版图形按照原尺寸直接曝光到光刻胶层，分为接触式曝光和接近式曝光，如图 1.3 所示。接触式曝光是在掩膜版上作用一定的压力使其接触到光刻胶层，接近式曝光是使掩膜版和光刻胶层有一个微小的距离。接近式曝光和接触式曝光用光学系统将此部分图形以 1∶1 投射到硅片上，需要掩膜版的尺寸与硅片相同，掩膜版的

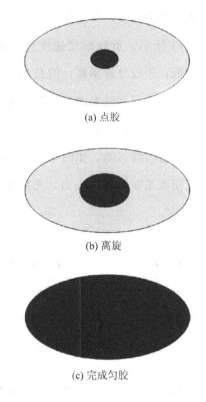

(a) 点胶

(b) 离旋

(c) 完成匀胶

图 1.2 光刻胶的旋涂步骤

图形尺寸和位置也必须与实际情况完全一样，这使得掩膜版的制造非常困难。为了提高分辨率，目前 IC 制造广泛使用的是投射式步进重复曝光机，它利用光学系统把掩膜版上的图形缩小 5 倍或者 10 倍投射到光刻胶层对 1 个单元曝光（一般是 1 个芯片），然后硅片移动到下一个曝光位置，重复该过程对整个硅片进行步进式曝光。但步进重复曝光机价格昂贵。

2. 薄膜沉积

功能材料、半导体材料以及绝缘材料可以通过沉积过程沉积到圆片上。

第一种实现这种沉积工艺的方法就是，直接将要沉积的材料以逐个原子或者逐层的方式从源材料沉积到衬底表面，如图 1.4 所示。这个过程通常是在低压环境下进行的，因此原子从源材料转移到圆片表面是没有空气分子

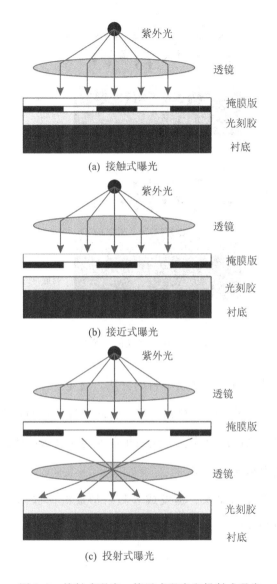

图 1.3 接触式曝光、接近式曝光和投射式曝光

的，如金属蒸发和金属溅射。衬底和金属源被放置在一个真空腔中，金属可以通过加热（蒸发）或者高能粒子轰击（溅射）的方式实现转移。最后沉积的厚度取决于能量和时间。实际上，通常沉积的金属薄膜厚度范围是 $1nm\sim 2\mu m$。

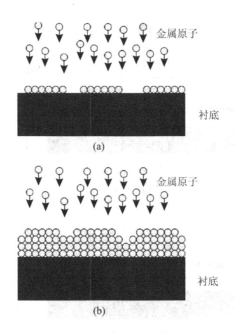

图 1.4　蒸发薄膜的工艺步骤

第二种在圆片表面沉积薄膜材料的方法，就是化学气相淀积，如图 1.5 所示。两种或者更多的活性材料到达衬底表面附近，它们在良好的环境下发生反应。这些物质之间的反应会生成固相，即物质会被吸附到衬底表面。连续反应会在衬底上形成材料层。

通常，由化学气相淀积、蒸发或者溅射形成的薄膜的平均厚度是 $1\mu m$ 以下，沉积更厚的薄膜太浪费时间而且不现实。

3. 硅热氧化

二氧化硅是微电子和 MEMS 中很重要的绝缘层材料，一种常用的最重要的形成高质量二氧化硅的方法就是在高温（$800\sim1200$℃）环境下让硅片和氧原子发生反应。圆片通常放置在石英管之中，如图 1.6 所示。在圆片表面会形成一层氧化层，这层氧化层将内部的硅原子和氧原子隔开，外部的原子只有以扩散方式通过氧化层，才能够与内部没发生反应却处于较

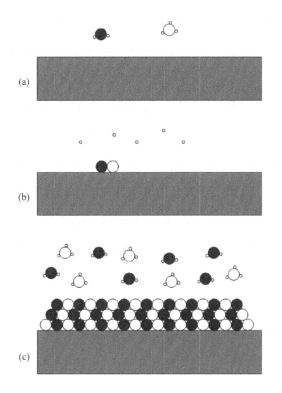

图 1.5　化学气相淀积过程

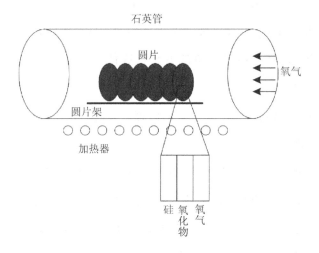

图 1.6　氧化设备和工艺原理

表面的硅原子发生氧化反应。热氧化可以通入纯氧气进行干氧氧化或者通入水蒸气进行湿氧氧化。干氧氧化是在 900～1100℃ 的反应炉内直接通入氧气和氮气的混合气体。湿氧氧化可以将氮气通过加热的去离子水，携带水蒸气进入反应炉；或者将氧气、氮气和氢气的混合气体通入反应炉，称为热解反应法。干氧氧化温度高、速度慢，薄膜致密，质量好；湿氧氧化温度低、速度快，但是薄膜质量差，这是由于水蒸气使氧化层疏松，容易被其他物质扩散。二氧化硅的生长速度与硅的晶向、掺杂、氧气伴随气体的比例、温度、压力等有关系。由于氧必须扩散经过二氧化硅层才能与硅反应，随着氧化层厚度的增加，氧化层生长的速率将会降低，沉积的速率以及最终的厚度取决于反应温度。在大多数应用中，热氧化层的厚度在 $2\mu m$ 以下。

热氧化二氧化硅可以作为绝缘层、刻蚀掩膜、牺牲层、结构层或者 Si_3N_4 的衬底使用。

4. 湿法刻蚀

湿法刻蚀是一种化学加工方法，它利用刻蚀溶液与被刻蚀材料发生化学反应实现刻蚀。刻蚀只需要刻蚀溶液、添加剂、反应容器、控温装置和搅拌装置，是实现单晶硅刻蚀最简单的方法。这种方法常用于去除金属、电介质、半导体、聚合物以及功能材料。对掩膜材料、衬底和目标材料的选择性刻蚀是 MEMS 设计过程中至关重要的内容。关键的性能指标包括刻蚀速率、温度以及均匀性。

如图 1.7 所示，刻蚀分为各向同性刻蚀与各向异性刻蚀。各向同性刻蚀会造成阻挡层下面的硅的横向刻蚀，使刻蚀尺寸与掩膜尺寸不同。各向同性刻蚀多用来去除表面损伤、圆滑（各向异性刻蚀）尖角以减小应力、干法或者各向异性刻蚀后光洁表面，以及在表面微加工中释放悬浮结构，刻蚀平面、薄膜或者结构减薄等。

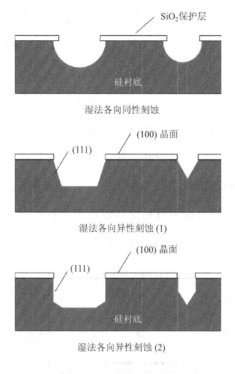

图 1.7 湿法刻蚀示意图

　　硅的湿法各向异性刻蚀是最早开发的微加工技术，是早期实现单晶硅结构的主要方法，已经在压力传感器、加速度传感器、喷嘴等商品以及实验室中得到了非常广泛的应用。

　　5. 等离子刻蚀

　　等离子刻蚀是一种从硅表面去除材料的非常重要的方法，其原理如图 1.8 所示。由于整个过程不包括湿法化学反应，它常常被称作干法刻蚀。刻蚀过程常在等离子体刻蚀机这种专业的工艺设备中进行。此设备包含两个相反的电极以及包含着化学活性气体的空腔。反应过程的气压通常比较低。等离子体刻蚀主要依靠两个方面：由电场加速的离子对被加工表面的轰击产生的物理刻蚀，化学性质活跃的反应基团与被刻蚀物质反应并生成挥发物质的化学刻蚀。物理刻蚀利用真空下高能离子入射到衬底表面并把能量转移给衬底的原子，使衬底原子脱离共价键的束缚而离开衬底表面。物理刻蚀的速度比较慢，一般每分钟几十纳米，离子所具有的动能越高，刻蚀速度越快。刻蚀的方向性是由离子的方向决定的，刻蚀腔内压力越小，加速电场越强，离子方向性越好，刻蚀的方向性也越好。由于轰击的物理作用是没有选择性的，掩膜会和衬底同时被刻蚀。物理刻蚀容易在凸起结构边缘形成尖槽等形状，同时轰击过程会造成晶格损坏。后者可以通过退火等消除。化学刻蚀利用活性反应基团与被刻蚀衬底发生化学反应，刻蚀速度比较快，不产生物理刻蚀中的尖槽等现象，对掩膜材料也有较高的选择比。化学刻蚀可能是各向同性或者各向异性，依赖于等离子体的特性和工艺方法。

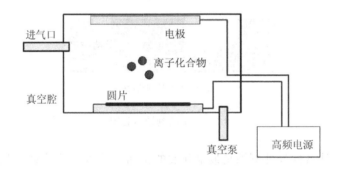

图 1.8　等离子刻蚀原理图

在整个工作过程中，物理反应和化学反应会同时进行。一般情况下，物理刻蚀的定向性和各向异性比较好，而化学刻蚀的各向同性和材料的选择性比较好。

6. 反应离子刻蚀

实际上多数干法刻蚀是物理化学相结合的过程，即反应离子刻蚀（reactive ion etching，RIE）。RIE 是物理化学刻蚀过程，依靠由电场加速的离子对被加工表面的轰击和溅射刻蚀，以及化学性质活跃的游离基与被刻蚀物质反应并生成挥发性物质的反应离子刻蚀。图 1.9 所示为 RIE 设备原理图。由于离子的数量远少于中性基团，因此 RIE 中化学刻蚀占主导地位。离子促使衬底表面活性增强而加快化学反应速度，轰击清除表面反应沉淀物而加快反应活性物质的接触，提供反应所需要的部分能量，甚至直接参加化学反应。RIE 刻蚀可能是各向同性或者各向异性，依赖于等离子体的特性和工艺方法。RIE 刻蚀硅的速度在 $\mu m/min$ 的水平，是离子束刻蚀的 $10\sim100$ 倍，刻蚀深度一般为几微米。

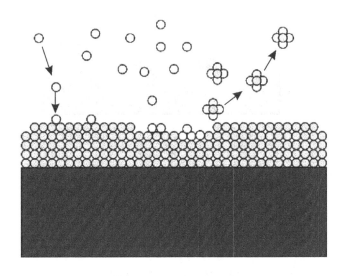

图 1.9　RIE 设备原理图

7. 掺杂

掺杂工艺就是将掺杂原子注入半导体衬底材料晶格之中来改变衬底材料的电学特性。掺杂源可以放置在衬底表面或者利用离子注入精确地注入硅原子的晶格之中。掺杂原子可以通过热活化过程进一步从高浓度向低浓度进行扩散。掺杂的典型工艺过程如图 1.10 所示，首先沉积掩膜层并且图形化形成窗口。衬底随后就会被暴露在掺杂源下，掺杂原子不会渗透掩膜层，但是可以通过窗口进入衬底材料中。电阻臂一般采用低浓度掺杂，电阻末端一般进行高浓度掺杂，以便形成与金属引线的欧姆接触。最后沉积金属引线，实现引线与电阻的连接。

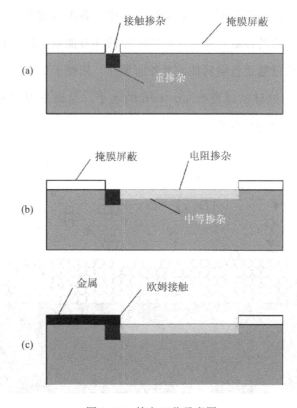

图 1.10　掺杂工艺示意图

　　应该注意的是：①现有的掺杂工艺智能在圆片的上表面进行；②圆片遇到高温工艺时，即便是在掺杂工艺以后的工艺过程中，也会由于高温引起掺杂原子的再分布和电学特性改变。

　　8. 键合

　　键合可以将不同材料、不同表面结构和功能特性的衬底键合到一起，得到独特的结构。圆片键合是指在适当的物理条件和化学条件下，将两个圆片接触对准，形成永久性的黏合。圆片键合可以使用不同的材料和温度，也可以在圆片表面的界面层通过淀积薄膜辅助实现。尽管键合技术多种多样，但是所有键合的基础都是化学键形成原子之间的相互作用力或分子间作用力。共价键、金属键和离子键等化学键为原子间相互作用，通常比分子间作用力大 1 个数量级以上。分子间作用力包括范德华力和氢键。

MEMS 中常用的键合方式包括直接键合、阳极键合、高分子键合、金属热压键合以及金属共晶键合等。这些键合方式可以分为直接键合和中间层键合两类。直接键合是指将需要键合的圆片/芯片不经过其他过渡层就可以实现键合，如硅硅直接键合、阳极键合、等离子体活化硅直接键合等。直接键合可以获得较高的键合强度，但是键合条件要求较为苛刻。中间层键合是指利用金属、高分子、玻璃等作为中间过渡层，对两层圆片实现键合，包括高分子键合、金属热压键合、共晶键合、玻璃键合等。中间层键合对键合条件的要求有不同程度的放宽，但是一般键合强度相对直接键合有所降低。

1.1.3　MEMS 的本质特征

MEMS 器件和微加工技术具有三个优点[4]，即小型化（miniaturization）、微电子集成（microelectronics integration）及高精度的并行制造（parallel fabrication with high precision）。

1. 小型化

典型 MEMS 器件的长度尺寸在 $1\mu m \sim 1cm$（当然，MEMS 器件阵列或整个 MEMS 系统的尺寸会大很多）。MEMS 的小尺寸能够实现柔性支撑、带来高谐振频率、高灵敏度、低热惯性等很多优点。小型化也意味着 MEMS 器件可以无干扰地集成到关键系统当中，如便携式电子产品、医疗器械以及植入器件。

然而，有些物理效应在微观尺寸范围内会发生变化，这称为比例尺度定律。这个定律可以有效解释物理学在不同尺寸下的作用规律。例如，MEMS 器件在微流体领域的应用，由于尺度的缩小，比表面积增大，流体力学的规律会出现一些变化。运动规律的变化，使得结构设计及作用原理的选择都有相应的改变[6]。

2. 微电子集成

MEMS 最独特的特点之一是可以将机械传感器和执行器与处理电路及控制电路同时集成在同一块芯片上。这种集成形式称为单片集成，即应用整片衬底的加工流程，将不同部件集成在单片衬底上。

3. 高精度的并行制造

MEMS 加工技术可以高精度地加工二维、三维微结构，而采用传统的机械加工技术不能重复、高效、低成本地加工这些微结构。结合光刻技术，MEMS 技术可以加工独特的三维结构，如倒金字塔状的孔腔、高深宽比的沟道、穿透衬底的孔、悬臂梁和薄膜。采用传统的机械加工和制造技术制备这些结构难度大、效率低。

MEMS 和微电子不同于传统机械加工，这是因为多份相同的芯片制造在同一个圆片上，这将减小单个的成本。现代光刻系统和光刻技术可以很好地定义结构，整片工艺的一致性好，批量制造的重复性也非常好。

1.1.4　MEMS 的应用

21 世纪，MEMS 将逐步从实验室走向实用化，对工农业、信息、环境、生物工程、医疗、空间技术、国防和科学发展产生重大影响。因此，MEMS 具有重要的应用价值和广泛的应用前景。

1. 微型传感器

随着传感器技术和 MEMS 技术的发展，利用 MEMS 技术实现微型化、智能化和网络化已经成为传感器发展的重要方向。MEMS 传感器具有体积小、功耗低、成本低、容易与处理电路集成等优点，极大地促进了传感器的发展。同时微型化能够利用宏观尺度下所没有的敏感机理实现高性能的传感器，如微型悬臂梁传感器和遂穿传感器所依赖的表面应力和遂穿效应，都是只有进入微尺度后才显著的现象。

　　在 MEMS 技术制造的微型传感器中，硅微传感器占据主流地位。硅具有极其优良的机械性能，弹性模量大、理想的线弹性、无蠕变、无滞后，能够实现高性能的传感器[7]。硅敏感机理多样，可以实现压阻、电容、谐振、遂穿效应等多种机理的敏感器件。常见的微型传感器主要有压阻式传感器、电容式传感器、压电式传感器、谐振式传感器、遂穿传感器等，如图 1.11 所示。

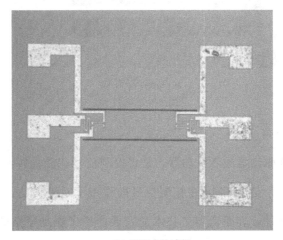

(a) 压阻式传感器

(b) 电容式传感器

图 1.11　微型传感器示意图

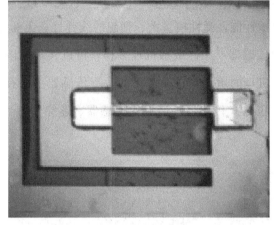

(c) 谐振式传感器

图 1.11（续）

2. 微型执行器

执行器也称驱动器或者致动器，是将控制信号和能量转换为可控运动和功率输出的器件，是 MEMS 在控制信号的作用下对外做功。微执行器始于扫描微镜[8]和微泵，表面微加工技术的发展产生了更加复杂的执行器结构，如弹簧、铰链、齿轮以及极具影响的梳状叉指电容执行器和微静电马达，如图 1.12 所示。基于不同原理和工艺、面向不同应用的微执行器的快速发展，极大地扩充了 MEMS 的功能范围和应用领域。

微执行器是一种重要的 MEMS 器件，在光学、通信、生物医学、微流体等领域有广泛的应用。微执行器的核心包括把电能转化为机械能的换能器和执行能量输出的微结构。利用微执行器一方面可以对 MEMS 系统外输出功率和动作，实现对外部系统的控制；另一方面可以控制其他的 MEMS 器件，实现所需的复杂功能。

根据能量的来源，执行器可以分为电、磁、热、光、机械、声以及化学和生物执行器。常用的驱动方式包括静电、电磁、电热、压电、记忆合金、电致伸缩、磁致伸缩等多种[9]。

(a) MEMS微齿轮

(b) MEMS微电机

图 1.12 微型执行器示意图

3. 光学 MEMS

光学 MEMS 是指利用微加工技术实现的用于光学系统的 MEMS 器件与系统。光学 MEMS 开始于利用体微加工技术制造的扭转和悬臂梁微镜[8,10]。随着光通信的发展，MEMS 开始应用于制造光通信器件[11]，包括光纤对准器、光开关等。按照光学功能，光学 MEMS 可以分为反射器件、衍射器件、折射器件、波导等；按照应用，光学 MEMS 可以分为光通信器件、显示器件和光学平台等几种[12]。这些应用的共同特点是利用 MEMS 器件对光的传输性能进行控制。光学 MEMS 种类较多，结构形式各异，如图 1.13 所示，影响性能的因素比较复杂，不同的器件、规模和应用对应不同的制造工艺和驱动方式。

图 1.13　光学 MEMS 示意图

光学 MEMS 发展迅速的主要原因是 MEMS 技术满足了显示和光通信的要求[13,14]。①MEMS 可以实现光栅、微镜等多种高性能光学器件，满足光学系统对尺寸和精度的要求；MEMS 可以集成高精度的传感器、执行器和控制电路。②光通信中需要大量、高密度的阵列传感器，而 MEMS 具有大量和低成本制造的特点，提高光学器件的性能并降低成本。③光通信器件的动作频率高、工作时间长，要求器件具有极长的寿命，单晶硅优异的机械性使器件几乎不会出现疲劳失效，满足光学器件超长寿命的要求。④光学器件属于"轻型"器件，光子本身几乎没有质量，因此驱动光器件需要的驱动力和功率很小；多数光学器件的位移很小，与光波长相当，这与 MEMS 执行器的功率和位移特点相匹配。

4. 射频 MEMS

射频 MEMS 简称 RFMEMS，是指 MEMS 技术在 RF 及微波通信领域的应用，即利用 MEMS 制造技术发展适合于 RF 的器件与技术[15]，以提高 RF 系统的性能、降低成本，并适合特殊应用[16]。典型 RFMEMS 器件如图 1.14 所示，包括 RF 开关、谐振器、滤波器、可变电容等，以及由 RFMEMS 器件组成的集成电路单元。

无线通信系统大量使用片外分立无源器件，包括声表面波 SAW、石英晶体、陶瓷谐振器等机电器件和电容、电感、电阻等电子器件。这些分立器件尺寸大、功耗高、价格贵。RFMEMS 器件是微机械式的结构，通过机械动作或者结构特性实现电子领域需要的谐振、可调、开关等基本功能。RFMEMS 器件具有以下优点：①高性能。采用 MEMS 制造工艺，具有 Q 值高、稳定性好的特点；②体积小、重量轻。RFMEMS 器件的尺寸比分立器件小 3 个数量级以上，从而大幅度降低无限系统的体积和重量；③系统集成。基本的 RFMEMS 器件可以集成为复杂的功能模块，通过系统集成可以提高可靠性并降低板级寄生效应；④降低功耗。RFMEMS 是微型的机械电子系统，隔离度高、插入损耗低、动作驱动功率小，功耗非常小；⑤减小电磁干扰。RFMEMS 提供功能器件，有效解决电磁干扰、动态范围、相位噪

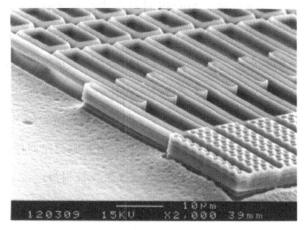

(a) MEMS滤波器

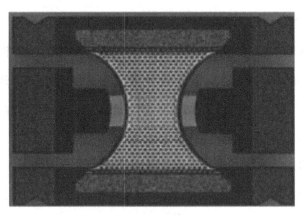

(b) MEMS开关

图 1.14 典型 RFMEMS 器件

声等问题；⑥降低成本。大量集成无源器件和多功能芯片可以取代板级的互联和封装，从而降低系统的成本。

5. 生物 MEMS

生物 MEMS（BioMEMS）是指利用 MEMS 技术制造的用于生物和医学领域的器件和系统。MEMS 不但为微观生物医学的研究和发展提供强有力的工具，还极大地促进了各种先进的诊断和治疗仪器、药物开发和药物释放、微创伤手术等领域的发展。BioMEMS 已经成为 MEMS 的重要研究和应用领域，很多技术已经在生物医学领域里得到了广泛的应用[17]，如图 1.15 所示。从应用的观点，可以将 BioMEMS 分为桌面应用、便携应用、可穿戴应用和可植入应用等方面。从功能的观点，可以将 BioMEMS 按照传感器、执行器以及微结构三个大方面进行分类[18]。

(a) MEMS人工视网膜

(b) MEMS微针阵列

图 1.15　典型 BioMEMS 器件示意图

随着全球人口老龄化的加剧和人们对居家医疗的需求不断增加，小型化、低成本、分析速度快的个人医疗和诊断器件将得到快速发展，BioMEMS 将成为未来 MEMS 的主要发展方向之一。MEMS 在生物医学领域的应用向着便携式和可穿戴应用的方向发展，基于人体的生理指标监测包括血压、脉搏、心电、脑电和血糖等的可穿戴医疗器件发展迅速。同时，用于可植入的诊断、治疗和监控的 MEMS 产品也进入高速发展期。各种传感器广泛应用于临床诊断和治疗过程，如医学成像、内窥镜成像、生理指标检测、微创手术等，成为 BioMEMS 的重点方向。

6. 微流控器件

微流控器件是指通过微加工技术将传统的基于工作台上的生化实验室的功能集成在一个芯片上而形成的分析平台[19,20]。微流控器件通过分析化学、MEMS、电子学、材料科学与生物学、医学和工程学等交叉来实现化学分析检测，即实现从试样处理到检测的整体微型化、自动化、集成化与便携化这一目标，如图 1.16 所示。

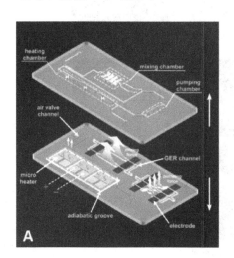
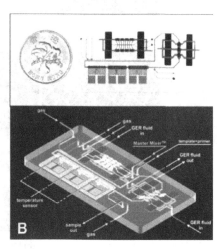

图 1.16 典型微流控器件示意图

微流控的典型特点是流体流动、功能全面与器件集成。微流体的流动管道和介质流动构成了微流控器件的主要特点，通过被处理目标的连续流动，将多个处理功能连续起来，实现多过程和高效率的特性。在微流控器件中应用微流体有两方面的原因：微流控器件的尺寸、功能以及流体管道的密度决定了管道和器件的尺度需要在微米尺度，其流体特性属于微流体范畴；微流体的很多特性有助于微流控器件上流体的操控和微流控器件功能的实现。微流体表现出与宏观流体截然不同的特性：① 表面力上升为影响流体特性的主要因素，对质量输运、热传导、动量、能量等特性起到决定性作用；② 低雷诺数引起层流；③ 容易受到微流体管道中气泡的影响。

1.2　微流控芯片

1.2.1　微流控芯片的概念

20 世纪 90 年代初，瑞士的 Manz 和 Widmer 提出了以微机电加工技术为基础的"微型全分析系统"（miniaturized total analysis systems 或 Micro total analysis systems，μTAS)[21]。μTAS 的目的是通过化学分析设备的微型化与集成化，最大限度地把分析实验室的功能转移到便携的分析设备中，甚至集成到方寸大小的芯片上。由于这种特征，本领域的一个更为通俗的名称"芯片实验室"（lab-on-a-chip，LOC）已经被日益广泛地接受。在分析系统微型化、集成化的基础上，μTAS 的最终目标是实现分析实验室的"个人化""家用化"，从而使分析科学及分析仪器从化学实验室解放出来，进入千家万户。微流控芯片（microfluidic chips）是 μTAS 中当前最活跃的领域和发展前沿，它最集中地体现了将分析实验室的功能转移到芯片上的思想，其未来的发展将对上述目标的实现起到至为关键的作用[22]。

微流控芯片指的是在一块几平方厘米的芯片上构建的化学或生物实验室。它把化学和生物等领域中所涉及的样品制备、反应、分离、检测，细胞培养、分选、裂解等基本操作单元集成到一块很小的芯片上，由微通道形成网络，以可控流体贯穿整个系统，用以实现常规化学或生物实验室的各种功能[23]。

从物理上说，微流控芯片是一种操控微小体积的流体在微小通道或构件中流动的系统，其中通道和构件的尺度为几十到几百微米，承载流体的量为 $1\times10^{-18}\sim1\times10^{-9}$ L。

微流控芯片不仅带来分析设备尺寸上的变化，在分析性能上也有众多的优点。这些优点主要包括：①具有极高的效率，这种高效率既来源于微米级通道中的高导热和传质速率（均与通道直径平方成反比），也直接来源于结构尺寸的缩小；②试样与试剂消耗降低到微升水平，甚至纳升和皮升水平，这既降低了分析费用和贵重生物试剂的消耗，也减少了环境的污染；③微流控芯片部件的微小尺寸使得多个部件与功能集成在数平方厘米的芯片面积上已经成为可能，在此基础上容易制成功能齐全的便携式仪器，用于各类现场分析；④微流控芯片的微小尺寸使得材料消耗甚微，因此当实现批量生产后成本有望大幅度降低，有利于普及使用。

1.2.2 微流控芯片的应用

在现阶段，微流控芯片既是一门学科，又是一种技术。理论上讲，微流控芯片可以应用于任何涉及流体的学科，其中最直接的应当是化学、生物学和医学，与此同时它的影响力已经渗透到了一些传统观念中不太涉及流体的学科，如光学和信息学。目前，微流控芯片已经涉及包括疾病诊断、药物筛选、环境检测、食品安全、司法鉴定、体育竞技以及反恐、航天等在内的重要领域[24]。

微流控芯片最初的应用领域是化学，更确切地说是分析化学。微流控芯片作为一种分析化学平台的优势包括耗样量低、分析速度快、具有高灵敏度和高分辨率，还可以把样品处理、分离、反应等与分析相关的过程集成在一起，大大提高分析的效率。微流控芯片在化学上的另一个应用是反应，特别是对于高附加值化学品的合成，以及一些重要的催化反应、控制模拟。

现阶段，微流控芯片在生物学中最重要的应用领域是细胞生物学，称为细胞研究极为重要的平台，包括细胞培养、刺激、分选和裂解等单元过程都可以在芯片平台上实现，所涉及的最直接的应用领域包括生物传感器、干细胞研究以及药物筛选等。微流控芯片在医学领域的重要应用之一是临床诊断，其中最典型的工作是以"现场即时检测"（point of care testing）为代表的微流控芯片诊断。这种检测具有小型、便携、快捷、方便等优点，适用于发达国家的家庭和发展中国家的边远贫困地区，有可能对全球公共健康具有重要意义。

微流控芯片和光学器件的结合有可能对现有的光学系统进行重新构建，进而发展出全新的通过微流体控制光学过程的光流控技术，如图 1.17 所示。这种技术的芯片将有更高的集成度，也更加紧凑。相对于微流控芯片现阶段的应用，光流控还只是处于萌芽状态，但可以肯定的是，光流控芯片将是微机电系统一个非常好的补充。

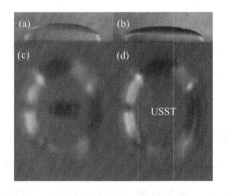

图 1.17　光流控器件

除此之外，微流控芯片还可以应用于信息学的三个分支领域，即信号加密解密、逻辑运算和 DNA 计算。在微流体液滴运动中，原始信号和加密信号间的可逆转化是非线性的，因此可以用于信号加密和解密。反之，利用现有技术实现非线性可逆转化则具有很大难度。非线性加密信号的破解难度较大，应用领域十分广泛。此外，微流控芯片可以用于计算领域。理论上，微流控芯片计算机在十几个小时的运算量就相当于所有电子计算机问世以来的总运算量。利用微流控芯片处理信息目前还处于萌芽阶段，但其所展示的潜力越来越难以忽视，很有可能成为未来信息处理领域一个重要的分支，在军事、通信等领域得到广泛的应用。

1.3 微流控芯片的研究现状

1.3.1 微流控芯片的衬底材料和加工技术

在微流控芯片的研究中，衬底材料的选择是非常重要的，这是因为衬底材料的选择对微加工技术的选择具有一定的制约性，选择了衬底材料，通常要选择相对应的微加工技术；而且衬底材料本身的物理特性直接影响着微流控芯片的性能，如热性能和微通道的表面特性等。因此，在选择微流控芯片的材料时，需要综合考虑材料的多方面性质，包括导热性、耐用性、成本、表面化学性质、光学和电学性能、生物相容性、是否易于制造、集成及大规模生产等。

目前，用于制造微流控芯片的材料主要有硅、玻璃/石英、高分子聚合物等[25~27]。其中，高聚物材料主要包括聚甲基丙烯酸甲酯（polymethyl methacrylate，PMMA）、聚碳酸酯（polycarbonate，PC）、聚苯乙烯（Polystyrene，PS）、聚二甲基硅氧烷（polydimethyl siloxane，PDMS）等。

硅材料具有很好的热性能，导热系数高（为 $157\mathrm{W} \cdot \mathrm{m}^{-1} \cdot \mathrm{K}^{-1}$），并且得益于半导体加工技术的发展，加工工艺成熟。在微流控芯片的发展过程中，硅衬底材料有着极其重要的地位，早期绝大多数微反应腔式微流控芯片以硅材料为主[28~38]，如图 1.18 所示。但硅材料易碎，不透光，电绝缘性较差，因此在微流控芯片中的应用受到限制。

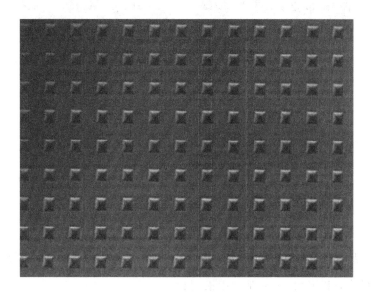

图 1.18　硅在微流控芯片中的应用

玻璃/石英具有良好的光学特性，容易与光学检测器件整合；其次，可以采用与硅材料类似的微加工技术加工微结构，工艺成熟。与硅材料相比，玻璃/石英材料导热率较低，但这有利于连续流动式微流控芯片恒温区之间的热隔离，因此成为早期连续流动式微流控芯片及集成芯片的衬底材料[39~48]，如图 1.19 所示。但是，玻璃的加工成本较高，一般采用光刻/蚀刻技术，需要在基片上利用金属镀膜技术镀上惰性金属作为保护掩膜，且与硅材料相比，玻璃为各向同性材料，刻蚀的微结构尺寸受限，工艺较复杂。

硅材料和玻璃/石英材料通常采用硅基微加工技术。微反应腔和微通道主要采用湿法刻蚀与干法刻蚀，集成的金属薄膜电阻主要采用薄膜淀积技术，包括真空镀膜和磁控溅射等。玻璃/石英材料的打孔方法包括金刚石打孔法、超声波打孔法、激光打孔法和喷砂打孔法。衬底材料的键合工艺主要

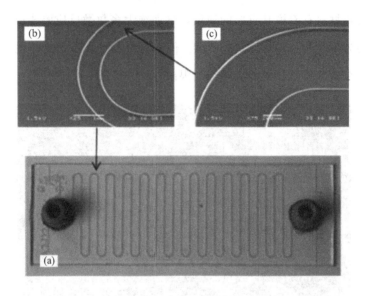

图 1.19　玻璃/石英在微流控芯片中的应用

有玻璃-玻璃基的热键合，低温粘接，包括氢氟酸黏合、环氧胶黏合和 PDMS 黏合，以及硅-玻璃基的阳极键合。

　　近年来，PMMA[49~52]、PDMS[53~58]、PS[59]、PC[60]等高分子聚合物材料作为衬底材料制作微流控芯片受到越来越多的重视，如图 1.20 所示。虽然聚合物材料导热性能较差，但种类繁多，透光性较好，易于光学检测，通常具有优良的生物兼容性，特别是对于连续流动式微流控芯片来说，由于不需要转化温度，只要求具有独立的恒温区，更适宜选用导热率较低的聚合物作为衬底材料。而且聚合物材料价格低廉，制作工艺简单，因而大大降低了成本，非常适用于实验室研究和大规模批量生产，有助于微流控芯片的推广和应用。

　　其中 PDMS 在微流控芯片中是应用最广泛的衬底材料之一，表现出极好的发展势头。它具有诸多优点：①PDMS 材料能够高保真地复制微结构，分辨率可达 300nm；②PDMS 材料能够透过 300nm 以上的紫外线和可见光，可以满足许多检测方案；③PDMS 材料具有一定的化学惰性；④PDMS 能够

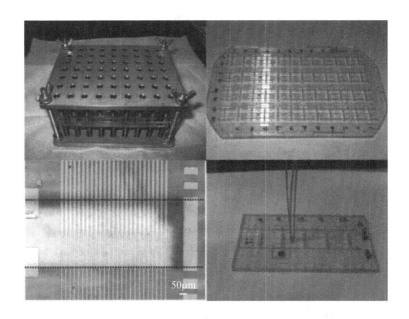

图 1.20 聚合物在微流控芯片中的应用

在低温下发生固化；⑤PDMS 材料能够与自身和玻璃等通过范氏力发生可逆键合，或者通过氧等离子体处理发生不可逆键合（共价键形成）。

目前，高分子聚合物材料所采用的微加工技术主要包括热压法[61]、模塑法[56]、注塑法[62]、激光刻蚀法[63]、LIGA 法[64] 以及软光刻法[65] 等。

（1）热压法。热压法是一种应用比较广泛的快速复制微结构的芯片制作技术。热压法的制作过程比较简单，调整好高聚物基片与含有凸起微结构的硅基阳模之间的相对位置，将其放入加热器中，加热到高聚物的玻璃化温度后，在二者之间施加一定压力并保持一定时间，然后降低至室温时撤除压力，脱模，即可在基片上制作出微通道结构，将盖片与基片封接在一起，就可以得到微流控芯片成品，如图 1.21 所示。

（2）模塑法。PDMS 材料通常采用模塑法加工。模塑法的主要制作过程是，首先采用光刻或蚀刻的方法制造出微结构的凸起阳模，然后在阳模上浇注液态的高聚物，在一定温度下固化后使高聚物材料从阳模上剥离，即可制

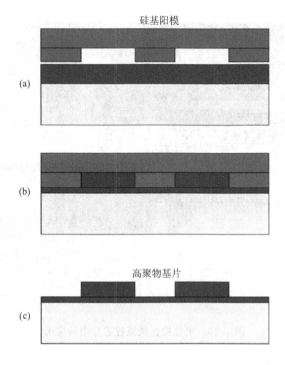

图 1.21　热压法流程示意图

得带有微结构的芯片基片，如图 1.22 所示，与盖片封接后，可以制得微流控芯片。

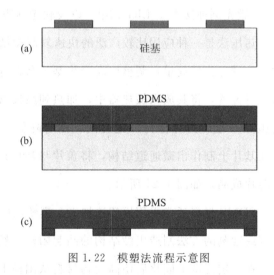

图 1.22　模塑法流程示意图

（3）注塑法。注塑法的主要制作过程是通过光刻和蚀刻技术在硅片上刻蚀出芯片的阴模，用此阴模进行 24h 左右的电铸，得到一定厚度的镍合金模具，再将镍合金模具加厚，制成金属注塑模具，再将此模具安装在注塑机上生产微流控芯片。注塑法中的模具制作复杂，技术要求高，周期长，但是高质量的模具可以生产大量的高聚物芯片，重复性好，生产周期短，成本低廉，适合于生产结构已定型的芯片。

（4）激光刻蚀法。激光刻蚀法属于一种非接触式的微细加工技术。它利用掩膜或直接根据计算机 CAD 的设计数据和图形，通过 $X\text{-}Y$ 方向精密控制激光的位置，在金属、塑料、陶瓷等材料上加工出不同形状、尺寸的微孔穴和微通道，如图 1.23 所示。

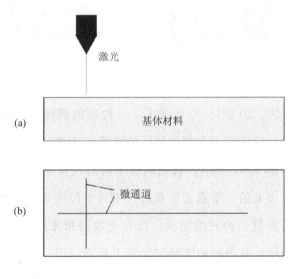

激光

(a)　基体材料

(b)　微通道

图 1.23　激光刻蚀法

（5）LIGA 法。LIGA 是指通过 X 射线深刻及电铸制造精密模具，再大量复制微结构的特殊工艺流程，由 X 射线深层光刻、微电铸和微复制三个环节组成，主要用于制作高深宽比的微流控芯片，如图 1.24 所示。首先将几毫米厚的对 X 射线敏感的光胶材料（通常是 PMMA）涂在导电性能很好的金属膜上，然后用同步辐射光源 X 射线光刻，深度可达几百微米，显影后就可以得到厚度几百微米、最小宽度可达几微米的聚合物三维结构。

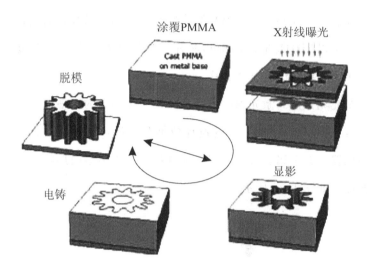

图 1.24　LIGA 原理图

（6）软光刻法。20 世纪 90 年代末，一种新的微图形复制技术脱颖而出，该技术用弹性模代替了光刻中使用的硬模产生微形状和微结构，称为软光刻技术，如图 1.25 所示。软光刻技术的出现和 PDMS 材料的应用是微流控芯片发展史上的一个重要里程碑。相对于传统光刻技术，软光刻更加灵活，它能制造复杂的三维结构，没有光散射带来的精度限制。此外，所需设备较为简单，在普通的实验室环境下就能应用。软光刻的关键技术主要包括微接触印刷、再铸模、微传递成模、毛细管成模、溶剂辅助成模等。

热压法、模塑法、注塑法、LIGA 法以及软光刻法在制作成本上具有很大的优势，可批量生产。但是，这些技术在应用上也具有一定的限制：由于固化后的聚合物材料必须从模具中脱离，因此有侧凹的微结构不能通过这些技术来加工；模具的使用寿命以及所获得的深宽比主要取决于模具的质量；

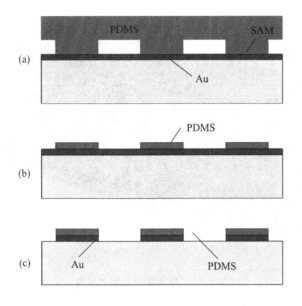

图 1.25　微接触印刷原理

模具材料和衬底聚合物之间在复制过程中形成任何一种化学或物理结合都会影响脱模，而且用来减少模具和衬底聚合物材料黏附力的脱模剂可能从聚合物中扩散出来污染样品，也可能增加聚合物的荧光本底。激光刻蚀法对掩膜的依赖性较小，灵活性较高，缺点是一次只能制作一片，生产效率较低，通常不能大批量生产。

1.3.2　微流控芯片的加热和冷却技术

目前，微流控芯片已有多种加热方法，主要可以分为接触式和非接触式加热两种。接触式加热元件中最简单的是利用商业薄膜电阻加热器加热导热性好的铜块和/或铝块[46]；另一种则是采用 Peltier 热电加热/致冷系统，并配合热电偶等测温元件控温[66]。除此之外，则是采用 MEMS 技术制作的集成化的薄膜加热元件，如图 1.26 所示。

采用接触式加热的微流控芯片，由于热循环时要对整个系统进行加热和

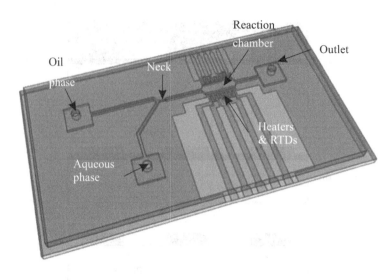

图 1.26　集成化薄膜加热元件

冷却，增加了系统的热容，限制了热循环速率，非接触式加热则可以避免这一问题。非接触式加热技术主要包括热空气循环加热[67]、红外辐射加热[68,69]、激光加热[70]和微波辐射加热[71,72]等，如图 1.27 所示。

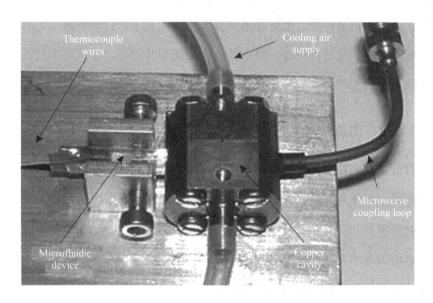

图 1.27　非接触式加热示意图

1.3.3　温度梯度与热梯度芯片

在过去的十多年里，具有温度梯度的微流控芯片被研究出来，吸引了许多研究者的兴趣，并且持续向前发展。

Mao 等人采用 PDMS 材料制作了平行的微通道，与玻璃基片键合在一起。然后以一定的流速让热水和冷水分别在两侧的通道内流动，即在两个通道之间形成了近似线性的温度梯度[73]，如图 1.28 所示。

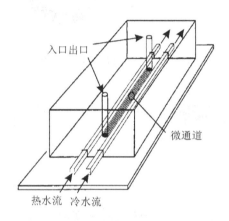

入口出口

微通道

热水流　冷水流

图 1.28　水浴温度梯度芯片示意图

Cheng 等人在 PMMA 材料上制作了微通道，在玻璃上制作了 ITO 加热电阻，外环电阻的电阻值比内环电阻的电阻值小，由于玻璃和 PMMA 的热导率较低，在圆形的芯片上产生了由内向外温度逐渐降低的温度梯度[49]，如图 1.29 所示。

Zhang 等人采用半导体加热器加热铝板，将铝板倾斜放置在芯片上，一端与芯片接触，一端与芯片分离，依靠辐射传热产生一个重复性高的温度梯度，并且具有良好的空间分辨率[74]，如图 1.30 所示。

Selva 等人通过数值模拟优化设计了金属薄膜电阻的几何形状和尺寸，在基体材料上加工了平行排列的阻值逐渐变化的薄膜电阻，将芯片放置到铝

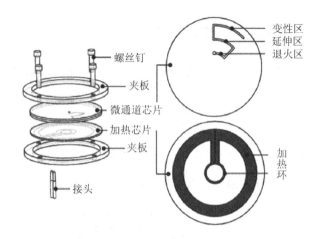

图 1.29　温度梯度芯片示意图

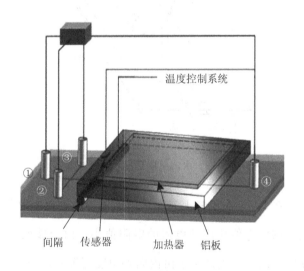

图 1.30　辐射温度梯度芯片示意图

块上，在芯片上产生了一个高梯度值的温度梯度[75]，如图 1.31 所示。

Zhang 等人设计了一个结构优化的翅片结构，在翅片的一端安装加热元件，另一端安装铝散热片，采用风扇对散热片进行散热，在翅片上产生一个非线性的温度梯度，调节风扇的功率，可以改变温度梯度的梯度值[76]，如图 1.32 所示。

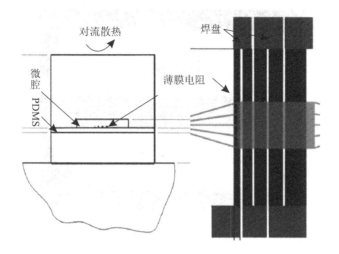

图 1.31 电阻温度梯度芯片示意图

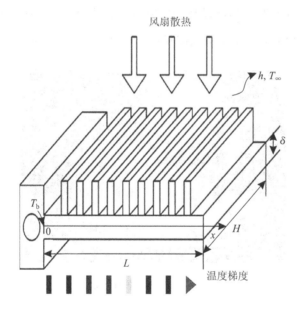

图 1.32 翅片散热温度梯度芯片

Crews 等人通过湿法刻蚀技术在玻璃上加工微通道，然后把键合的玻璃芯片放置在平行的加热铝块和散热铝块上，建立一个稳定的温度梯度[46]，如图 1.33 所示。

图 1.33　玻璃基热梯度芯片

　　Wu 等人采用 PDMS 制作了一个三维楔形结构，在结构的斜面上加工了蛇形微通道，将楔形 PDMS 结构的底面与玻璃键合，放置到商用加热金属板上，在楔形结构的斜面上形成温度梯度[58]，如图 1.34 所示。

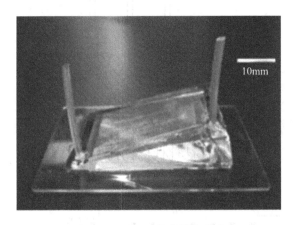

图 1.34　PDMS 基热梯度芯片

1.4　研究内容和结构

　　本书主要从材料的选择、温度梯度的优化、梯度加热器的设计以及加工制作工艺等方面进行研究，并完成热梯度器件的温度性能测试。

1.4.1　研究内容

本书的主要研究内容包括以下几个方面。

（1）热梯度器件的设计。选择热梯度器件的制作材料；设计热梯度器件的总体结构，基于热学原理，分析铝薄膜对温度梯度的改善作用，研究梯度加热器的功率与温度的关系，分析微通道内的流体流动对流体和基体温度的影响，设计微通道芯片的结构和尺寸。

（2）温度性能的优化。建立结构的有限元模型，分析铝薄膜的几何尺寸（宽度和厚度）对温度梯度和功耗的影响，梯度加热器的功率与温度的关系，微加热芯片的排列方式对温度均匀性的影响，优化温度梯度并设计梯度加热器的微加热芯片。

（3）热梯度器件的加工与制作。研究加工过程中的关键工艺步骤，确定各步骤的关键工艺参数，制定微加热芯片和玻璃-PDMS 微通道芯片的工艺流程；完成热梯度器件的加工与制作。

（4）温度性能测试。测试热梯度器件的温度性能，包括梯度加热器的功率与温度特性，玻璃-PDMS 微通道芯片的温度梯度，以及高温区域的温度均匀性。

1.4.2　结构

本书总共由 7 章组成。第 1 章绪论，简述了热梯度器件的研究所涉及的背景：MEMS 技术的发展以及微流控芯片的发展。回顾了近年来世界各国科学家在热梯度研究方面取得的进步和结果。第 2 章热梯度器件的设计，从材料的选择、温度梯度的理论分析、微通道的结构设计和梯度加热器的理论分析等方面进行了研究。第 3 章温度特性的数值模拟与优化，采用数值模拟方法对微通道芯片的温度梯度进行了仿真分析，优化设计了铝薄膜的几何尺寸；仿真分析了梯度加热器的热功率与退火温度的关系，以及微加热芯片的排列方式对变性温度均匀性的影响，设计了微加热芯片的电阻。第4章热梯度器件的加工与制作，叙述了微加热芯片和微通道芯片的工艺流程，涉及MEMS 的表面加工和体加工技术，详细介绍了几个关键工艺过程，简单介绍了器件的构建。第 5 章温度控制系统，设计了热梯度器件的温度控制系统，主要包括硬件和软件两大部分。第 6 章温度性能测试，测试了不同情况下梯度加热器的温度，微通道芯片的温度场分布，并对测试结果进行了分析。第 7 章结论与展望，全面总结了本文的研究内容和创新点，并对下一步的研究工作提出了一些建议。

第 2 章　热梯度器件的设计

2.1　热梯度器件材料的选择

2.1.1　微通道芯片的材料

综合国内外的文献资料，可以用于制作微通道芯片的材料有多种，包括硅、玻璃及有机聚合物（如 PDMS）。在进行芯片材料的选择时，不仅要考虑材料的加工工艺，还要综合考虑材料的兼容性和热特性，如材料的热导率等因素。

在微流控芯片发展的初期，硅和玻璃材料成为微流控芯片的首选材料，这主要是因为成熟的半导体技术。硅的导热率高，制作工艺简单；玻璃的导热率较低，容易实现温度隔离，兼容性好。然而，作为微流控芯片材料，硅和玻璃均存在较为明显的缺点。硅的绝缘性和透光性较差；玻璃的制作工艺复杂，深度刻蚀困难，键合温度高且键合成品率低。

近年来，采用高分子聚合物有机材料制作微流控芯片越来越受到研究者们的重视。聚合物材料本身价格便宜，加工制作简单，光学性能相对较好，非常适合于大批量制作微流控芯片，并有可能促进微流控芯片的推广和应用。

表 2.1 从加工工艺、热特性、电气特性等几方面综合对比了硅、玻璃、PMMA、PC、PS 和 PDMS 等几种材料的性能及优、缺点。PDMS 材料制作工艺简单，可以实现微通道的快速、大批量制造，有利于降低生产成本，实现微通道芯片的一次性使用，因此，本文采用 PDMS 制作微通道。

表 2.1 不同芯片材料的特性

材料种类	成型性能	键合性能	热导率/ $(W \cdot m^{-1} \cdot K^{-1})$	介电常数/ $(kV \cdot mm^{-1})$
硅	较难	较难	157	11.7
玻璃	较难	较难	0.7～1.1	3.7～16.5
PMMA	易	较易	0.2	3.5～4.5
PC	易	较易	0.19	2.9～3.4
PS	易	较易	0.13	2.5～2.7
PDMS	易	易	0.18	3.0～3.5

PDMS 材料制作的微通道，通常需要与硅或者玻璃键合使用。本书的热梯度器件，通过把微通道芯片放置在高温热块和低温热块之间来形成温度梯度，高温热块和低温热块之间的热传递与微通道芯片的基体材料直接相关。

单位时间内从大平壁一侧表面传导到另一表面的热流量 Φ 与两侧温差 Δt 及垂直于热流方向的面积 A 成正比，与平壁的厚度 δ 成反比[77]，即

$$\Phi = \lambda A \frac{\Delta t}{\delta} \tag{2.1}$$

式中：λ——热导率或导热系数；

δ——平壁的厚度；

A——垂直于热流方向的面积；

Δt——两侧温度差。

两侧温度差的计算公式为

$$\Delta t = t_{w1} - t_{w2} \tag{2.2}$$

式中：t_{w1}、t_{w2}——平壁两个侧面的温度。

单位时间内通过单位面积的热量称为热流密度，记为 q，单位为 $W \cdot m^{-2}$，热流密度的表示式为

$$q = \frac{\Phi}{A} = \lambda \frac{\Delta t}{\delta} \tag{2.3}$$

由式 (2.1)、式 (2.3) 可知，从高温热块传递到低温热块的热流量或热流密度与芯片材料的热导率有关，热导率越高，热流量或热流密度越大，高温热块所需的功率越大。硅的热导率比玻璃的热导率高，对于热梯度器件，玻璃是一个很好的基体材料[78]。因此，本书选择玻璃-PDMS制作微通道芯片。

2.1.2 微加热芯片的材料

综合国内外的文献资料，目前微流控芯片上采用的加热元件大致可以分为两类：一类是商用加热元件；另一类是基于 MEMS 技术制作的微加热芯片。商用加热元件成本低，使用方便，但是通常体积大、功耗高，不利于系统的微型化和便携化；基于 MEMS 技术的微加热芯片体积小，制作精度高，电阻值可控，功耗低。因此本书采用基于 MEMS 技术制作的微加热芯片。

微加热芯片主要是在硅和玻璃上淀积金属薄膜。硅的导热系数高，制作工艺成熟，因此本文选择硅作为微加热芯片的基体材料。而作为加热电阻的金属则种类很多。使用金属薄膜工艺制作加热电阻时，可选择的材料有铂、镍、铬、镍铬合金、铝、铜、铁、金等。作为加热电阻的材料，主要应满足以下几点：①制作工艺简单、成熟；②物理和化学稳定性好，能够在空气中加热至 100℃ 左右；③电阻率低，可以在较低的电压下工作。

在常用金属材料中，铂、镍、铬和镍铬合金的物理化学性质稳定，但是

电阻率较大，如表 2.2 所示，制作出来的微加热芯片阻值较大，加热时需要较高的工作电压。铝、铜和铁的电阻率较小，适合制作低电阻值的微加热芯片，但是铝、铜和铁的化学性质不稳定，在 100℃的条件下易氧化，影响微加热芯片的工作稳定性。相比之下，金具有良好的物理和化学稳定性，且电阻率较小，可以制作出低电阻的微加热芯片，并且制作工艺简单可靠。因此，本书采用金作为微加热芯片的加热电阻材料。

表 2.2 金属电阻率

材料	温度/℃	电阻率/(Ω·m)
铜	20	1.72×10^{-8}
金	20	2.40×10^{-8}
铝	20	2.83×10^{-8}
铁	20	9.78×10^{-8}
铂	20	2.22×10^{-7}
镍	20	6.84×10^{-8}
铬	0	1.29×10^{-7}
镍铬合金	0	1.0×10^{-6}

微加热芯片必须能够满足热均匀性和温度控制精确性的要求，因此，温度传感器的材料选取和结构设计同样十分重要。

常用的温度传感器制作方法主要有两种：一种是用扩散掺杂工艺来制作，主要有扩散电阻、PN 结温度传感器、晶体管温度传感器三种形式；另一种是用金属薄膜工艺加工，最常用的金属是铂（Pt）[79]。本文拟采用金属薄膜工艺加工 PCR 芯片的温度测温模块，并进行研究。

使用金属薄膜工艺制作温度传感器时，可选择的材料有铂、镍、铬、镍铬合金、铝、铜、铁、镍铝合金等[80~84]。金属铂在很宽的温区内（-200~

800℃）具有很好的阻温特性，在金属热电阻中性能最稳定，以下将铂与其他金属作为测温材料时的特性做简要对比。

在常用金属材料中，镍和铁的电阻温度系数最大，约为铂电阻温度系数的 1.7 倍，做温度传感器时具有较高的灵敏度，但是与铂相比，温度—电阻特性的线性度和化学稳定性较差，在腐蚀性介质环境下工作时必须施加保护措施。

铜的温度—电阻线性度很好，电阻温度系数也比铂高，但是铜的电阻率很小（约为 $0.017\Omega \cdot mm^2/m$），铜薄膜热电阻灵敏度较小，并且铜在超过 100℃ 的条件下易氧化，只能在无侵蚀性介质环境下使用。

铝作为薄膜电阻材料来说，加工工艺简单，可以直接作为内连线和压焊点，但是铝膜的灵敏度和电阻率较低。银的线性度比铝好，但银的电阻率比铝低，且银与保护膜的粘附性较差。

对镍铝合金薄膜的研究发现，Ni_3Al 薄膜具有十分优越的测温性能，测温范围非常广，在 0～275℃，整个测温范围内线性度和稳定性都非常好，特别是经过热处理后的薄膜电阻，其测温线性和稳定性都得到很大的改善和提高，但是镍、铝的化学稳定性较差。

因此，本书采用薄膜铂电阻作为 PCR 芯片的温度传感器。薄膜铂热电阻有着体积细小、响应时间快、机械性能好、化学性能稳定、阻温特性好、长期稳定性等特点，并且通过 MEMS 工艺可以很好地与硅基衬底材料集成在一起。

2.2　热梯度器件的结构设计

2.2.1　热梯度器件的总体结构

热梯度器件的总体结构示意图如图 2.1 所示。该器件由 6（3×2）个微通道单元、1 个高温加热器、1 个梯度加热器和 6 个散热器构成。6 个微通道单元共用同一个高温加热器。梯度加热器由 6 个微加热芯片组合而成，每个微加热芯片对应一个微通道单元，为单元提供所需的温度。微通道单元位于高温加热器和梯度加热器之间，在微通道芯片上产生一个稳定的温度梯度，该温度梯度可以通过控制高温加热器和梯度加热器的温度来调整。高温加热器由商用的薄膜加热器粘贴在铝块上构成，梯度加热器的微加热芯片同样粘贴在铝块上，而且在每个微加热芯片的铝块上都安装有一个散热器。

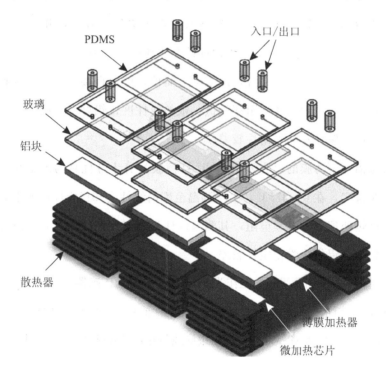

图 2.1　热梯度器件总体结构示意图

2.2.2　温度梯度的非线性

本书设计的热梯度器件需要具有非线性的温度梯度，即高温段的温度梯度大，低温段的温度梯度小。

如图 2.2 所示，沿等温面法线方向上的温度增量 Δt 与法向距离 Δn 比值的极限称为温度梯度，用符号 grad$t$ 表示，则

$$\mathrm{grad}t = \boldsymbol{n}\lim_{\Delta n \to 0} \frac{\Delta t}{\Delta n} = \boldsymbol{n}\frac{\partial t}{\partial n} \qquad (2.4)$$

式中：$\boldsymbol{n}$——单位法向矢量。

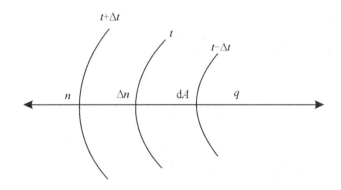

图 2.2　温度梯度示意图

单位时间内通过单位面积的热量（热流密度 $\boldsymbol{q}$）正比于该处的温度梯度，即

$$\boldsymbol{q} = -\lambda\mathrm{grad}t = -\lambda\boldsymbol{n}\frac{\partial t}{\partial n} \qquad (2.5)$$

式（2.5）为傅里叶定律的数学表达式，式中负号表示热流密度的方向永远指向温度降低的方向，揭示了导热量与温度梯度的关系。要确定温度梯度，必须首先求解导热体内的温度分布—温度场。因此，必须建立一个能全面描述导热问题温度场的数学表达式，然后结合具体的求解条件，便可得出特定条件下的温度分布。

选择直角坐标系，假设材料为各向同性。在进行导热过程的物体内选取边长为 dx、dy、dz 的微元体，如图 2.3 所示。

对于非稳态及有内热源的问题，根据能量守恒定律，热平衡方程式应该是

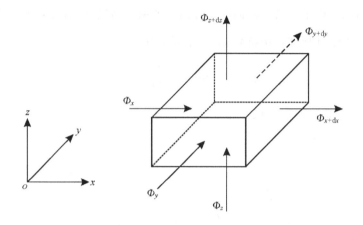

图 2.3 导热微元体

$$\Phi_i + \Phi_g - \Phi_o = \Delta U \tag{2.6}$$

式中：Φ_i——导入微元体的总热流量；

Φ_g——微元体内热源的生成热；

Φ_o——导出微元体的总热流量；

ΔU——微元体热力学能的增量。

任意方向的热流量总可分解为 x、y、z 三个坐标轴方向的分热流量。导入微元体的热流量可以表示为式（2.7），也可以表示为式（2.8）：

$$\begin{cases} \Phi_x = -\lambda \dfrac{\partial t}{\partial x} \mathrm{d}y\mathrm{d}z \\[2mm] \Phi_y = -\lambda \dfrac{\partial t}{\partial y} \mathrm{d}x\mathrm{d}z \\[2mm] \Phi_z = -\lambda \dfrac{\partial t}{\partial z} \mathrm{d}x\mathrm{d}y \end{cases} \tag{2.7}$$

$$\begin{cases} \Phi_{x+\mathrm{d}x} = -\lambda \dfrac{\partial}{\partial x}\left(t + \dfrac{\partial t}{\partial x}\mathrm{d}x\right)\mathrm{d}y\mathrm{d}z \\[2mm] \Phi_{y+\mathrm{d}y} = -\lambda \dfrac{\partial}{\partial y}\left(t + \dfrac{\partial t}{\partial y}\mathrm{d}y\right)\mathrm{d}x\mathrm{d}z \\[2mm] \Phi_{z+\mathrm{d}z} = -\lambda \dfrac{\partial}{\partial z}\left(t + \dfrac{\partial t}{\partial z}\mathrm{d}z\right)\mathrm{d}x\mathrm{d}y \end{cases} \tag{2.8}$$

单位时间内微元体热力学能的增量为

$$\Delta U = \rho c \frac{\partial t}{\partial \tau} \mathrm{d}x\mathrm{d}y\mathrm{d}z \tag{2.9}$$

式中：ρ——密度；

$\quad\quad c$——比热容；

$\quad\quad \tau$——时间。

设单位时间内单位体积中热源的生成热为 $\dot{\Phi}$（例如电热元件发出热量），单位为 $\mathrm{W} \cdot \mathrm{m}^{-3}$，则有单位时间内微元体内热源的生成热为

$$\Phi_g = \dot{\Phi}\mathrm{d}x\mathrm{d}y\mathrm{d}z \tag{2.10}$$

假定 λ、c、ρ 都是常量，将式（2.7）～式（2.10）代入式（2.6）可得

$$\frac{\partial t}{\partial \tau} = \frac{\lambda}{\rho c}\left(\frac{\partial^2 t}{\partial x^2} + \frac{\partial^2 t}{\partial y^2} + \frac{\partial^2 t}{\partial z^2}\right) + \frac{\dot{\Phi}}{\rho c} \tag{2.11}$$

式中：$\lambda/(\rho c)$ ——热扩散率，$\mathrm{m}^2 \cdot \mathrm{s}^{-1}$，是一个物性参数。

热导率越大且单位容积的热容量越小的材料，扩散热量的能力越大，热扩散率也越大。在非稳态导热过程中，热扩散率大的材料温度变化快，或整块材料温度比较均匀。

上述导热微分方程式（2.11）是对常物性导热问题普遍适用的导热微分方程。当无内热源时，方程可简化为

$$\frac{\partial t}{\partial \tau} = a\left(\frac{\partial^2 t}{\partial x^2} + \frac{\partial^2 t}{\partial y^2} + \frac{\partial^2 t}{\partial z^2}\right) \tag{2.12}$$

当既无内热源又为稳态导热时，方程又可简化为

$$\frac{\partial^2 t}{\partial x^2} + \frac{\partial^2 t}{\partial y^2} + \frac{\partial^2 t}{\partial z^2} = 0 \tag{2.13}$$

如图 2.4 所示的平壁，厚度为 δ，材料的热导率 λ 为常数，底面和顶面温度各自均匀且恒定，分别为 t_{w1} 和 t_{w2}。假定侧面绝热，这时，壁内温度只沿壁厚 x 方向变化，导热可以作为一维导热处理。

以导热微分方程式为出发点求解，无内热源、常物性、一维稳态导热微

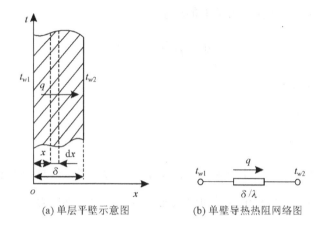

(a) 单层平壁示意图　　　　(b) 单壁导热热阻网络图

图 2.4　单层平壁的导热

分方程式为

$$\frac{\mathrm{d}^2 t}{\mathrm{d}x^2} = 0 \tag{2.14}$$

如图 2.4 所示，边界条件为

$$\begin{cases} x = 0,\ t = t_{w1} \\ x = \delta,\ t = t_{w2} \end{cases} \tag{2.15}$$

对式（2.14）积分两次得

$$t = c_1 x + c_2 \tag{2.16}$$

式（2.16）中，c_1、c_2 为积分常数，根据边界条件式（2.15）确定。

把边界条件式（2.15）代入式（2.16）可得

$$\begin{cases} c_1 = \dfrac{t_{w2} - t_{w1}}{\delta} \\ c_2 = t_{w1} \end{cases} \tag{2.17}$$

把上述 c_1、c_2 的计算式代入式（2.16），可得温度分布表达式：

$$t = \frac{t_{w2} - t_{w1}}{\delta}x + t_{w1} \tag{2.18}$$

对于上述一维稳态导热，也可以采用傅里叶定律求解，在距离壁左侧

面 x 处，取一层厚 $\mathrm{d}x$ 的微元平壁，对微元平壁写出傅里叶定律的表达式，即

$$q = -\lambda \frac{\mathrm{d}t}{\mathrm{d}x} \tag{2.19}$$

对式（2.19）分离变量后积分，得

$$\int_0^x q\mathrm{d}x = -\int_{t_{w1}}^t \lambda \mathrm{d}t \tag{2.20}$$

在稳态导热过程中，根据热力学第一定律，从左侧面导进此层微元平壁的热流密度必等于其右侧面导出的热流密度，否则，微元平壁将积聚或散失热量，从而温度场将随时间变化，破坏稳定条件。因此，在稳态导热过程中，q 为常数。式（2.20）积分结果为

$$t = t_{w1} - \frac{q}{\lambda}x \tag{2.21}$$

式（2.21）说明，平壁内的温度与距离 x 的关系是一条直线。当 $x=\delta$ 时 $t=t_{w2}$，从而得到

$$q = \frac{t_{w1} - t_{w2}}{\delta/\lambda} = \frac{\Delta t}{\delta/\lambda} = \frac{\Delta t}{r_\lambda} \tag{2.22}$$

或

$$\Phi = qA = \frac{\Delta t}{\delta/(\lambda A)} = \frac{\Delta t}{R_\lambda} \tag{2.23}$$

将热流密度 q 的计算式（2.22）代入式（2.21）得温度分布表达式为

$$t = \frac{t_{w2} - t_{w1}}{\delta}x + t_{w1} \tag{2.24}$$

采用傅里叶定律求解得到的温度分布表达式（2.24）与导热微分方程式求解得到的温度分布表达式（2.18）完全相同。将式（2.22）和式（2.23）与电路中的欧姆定律 $I=\Delta U/R$ 相比，可以看出它们在形式上是类似的。热流量 Φ 或热流密度 q 类似于电流强度 I；传热温差（或温压）Δt 类似于电位差（或电压）ΔU，是热传递的推动力；而 R_λ 或 r_λ 类似于电

阻 R，它表示了热传递路径上的阻力，称为热阻。其中 $R_\lambda = \delta/(\lambda A)$ 表示整个面上的导热热阻，其单位为 $K \cdot W^{-1}$；$r_\lambda = \delta/\lambda$ 表示单位面积上的导热热阻，其单位为 $m^2 \cdot K \cdot W^{-1}$。平壁导热热阻的网络图见图 2.4。

用热阻概念可以借用比较熟悉的串、并联电路电阻的计算公式来计算无内热源的、一维稳态热传递过程的合成热阻。对于由几层不同材料叠在一起组成的多层平壁，应用串联热阻叠加原则，即在一个串联的热量传递过程中，如果是无内热源的一维稳态情况，则串联过程的总热阻等于各串联环节的分热阻的和，可以方便地导出通过几层平壁的热流密度为

$$q = \frac{t_{w1} - t_{w,n+1}}{\sum\limits_{i=1}^{n} \dfrac{\delta_i}{\lambda_i}} = \frac{t_{w1} - t_{w,n+1}}{\sum\limits_{i=1}^{n} r_{\lambda i}} \tag{2.25}$$

由于在每一层内温度按直线分布，所以在整个多层平壁中，温度分布将是一条折线。在 n 层平壁中，第 i 层与第 $i+1$ 层之间接触面的温度 $t_{w,i+1}$ 为

$$t_{w,i+1} = t_{w1} - q(r_{\lambda 1} + r_{\lambda 2} + \cdots + r_{\lambda i}) \tag{2.26}$$

因此，在多层平壁中，材料的热导率越高，温度梯度越小；反之，材料的热导率越低，温度梯度越大。

在本书中，如果仅仅采用玻璃-PDMS 作为微通道芯片材料，当对芯片的侧面采取绝热措施时，芯片上将建立线性的温度梯度，否则，由于芯片侧面的对流换热和辐射换热，芯片上的温度梯度将是非线性的[46]。然而对热梯度器件来说，线性的温度梯度并不是最理想的，相反，非线性的温度梯度可以获得更好的性能。因此，减小低温段的温度梯度，是设计时需要考虑的。

通过上述理论分析可知，当微通道芯片在温度梯度方向上由几层热导率不同的材料构成时，在芯片上将会建立温度梯度值不同的分段温度梯度。这种结果与设计期望相符合，有利于提高微通道芯片的性能。然而，

直接采用不同的材料来分层制作微流控芯片是很困难的[85]。因此，本文通过在微通道芯片的玻璃基体底部增加铝薄膜的方法来改变芯片的热导率，使得在整个芯片分布上，形成两部分具有不同热导率的区域，提高低温区域的导热能力，降低低温区域的温度梯度，显著增加温度梯度的非线性。

2.2.3　微通道的设计

由于微通道的尺寸很小，基于基体和微流体之间的热质量比较，微流体引起的温度变化通常被低估和忽略，但是在热梯度器件中，微流体流动引起的影响可能会导致流体内部和周围基体的温度发生明显变化[77,86]。因此，在微通道的设计过程中，需要对此影响进行分析，并在微通道的设计中加以考虑。

在热梯度器件的简化模型中，单相流体在直的、循环的、恒定横截面积的微通道内以层流的状态流动，基体具有与微通道平行的线性温度梯度。当考虑微通道壁的时候，在等热流边界条件下，基体的温度梯度是恒定的。如果流动被假定为充分发展流，流体温度在轴向位置 x，径向位置 r 的表达式为[86]：

$$T(r) = T_s - \frac{2u_m}{a} \frac{\mathrm{d}T_m}{\mathrm{d}x} \left(\frac{3r_0^2}{16} + \frac{r^4}{16r_0^2} - \frac{r^2}{4} \right) \qquad (2.27)$$

式中：T_s——微通道壁的温度；

$\quad$ u_m——平均速度；

$\quad$ a——流体热扩散率；

$\quad$ $\mathrm{d}T_m/\mathrm{d}x$——流体的平均轴向温度梯度（等同于微通道壁的轴向温度梯度）；

$\quad$ r_0——微通道半径。

根据式（2.27），流体平均温度 T_m 与微通道壁温度之间的差值为

$$T_s - T_m = \frac{1}{6\pi} \frac{\dot{V}}{a} \frac{\mathrm{d}T_m}{\mathrm{d}x} \qquad (2.28)$$

式中：$\dot{V}$——体积流量。

单位长度的热耗 q' 被表达为

$$q' = hP(T_s - T_m) \qquad (2.29)$$

式中：P——管道周长；

h——热传导系数，

对于指定的情况，努塞尔特数 Nu 是恒定的，被定义为

$$Nu = \frac{hD}{k} \qquad (2.30)$$

式中：D——微通道直径；

k——流体热导率。

联立式（2.28）、式（2.29）、式（2.30）可得

$$q'_{wall} = \frac{1}{8} Nu \, \dot{V} c_p \rho \frac{\mathrm{d}T_m}{\mathrm{d}x} \qquad (2.31)$$

式中：ρ——流体密度；

c_p——流体在恒定压力下的比热。

式（2.27）表明，流体和微通道之间的最大温度差正比于平均速度和在基体上施加的轴向温度梯度，但是与热扩散率成反比。

式（2.28）表明，流体平均温度和微通道壁温度的差值与 $\dot{V}$ 成正比，与 a 成反比。

式（2.31）表明，对流换热率受 $\dot{V}$ 和施加的轴向温度梯度 $\mathrm{d}T/\mathrm{d}x$ 的控制，与微通道直径无关。温度变化与流体的体积流量有关，而不是流体平均速度。因此，微通道的横截面积是无关的。

热梯度微流控芯片的实验和数值研究结果与上述理论分析相一致[86]，相

邻的反向流动的微通道之间的热相互作用，与它们之间的间距和基片材料的特性有关，对微通道内部和周围基体的温度有显著影响。微通道内的温度分布与式（2.27）相似，微通道壁和流体之间的温度差随体积流量的增加而增加。此外，基体的温度变化与体积流量、轴向温度梯度成正比，而这些由流动造成的影响与微通道的横截面积无关。

微流控芯片的常用基体材料包括聚合物（$k=0.1\sim0.2\mathrm{W}\cdot\mathrm{m}^{-1}\cdot\mathrm{K}^{-1}$）、硅（$k=156\mathrm{W}\cdot\mathrm{m}^{-1}\cdot\mathrm{K}^{-1}$）和玻璃（$k=0.7\sim1.1\mathrm{W}\cdot\mathrm{m}^{-1}\cdot\mathrm{K}^{-1}$），热导率相差很大。不同热导率的基体的数值模拟研究表明，当 k 减小时，温度差增大。对于固定的 $\dot{V}$ 和 $\mathrm{d}T/\mathrm{d}x$，微通道之间的热传导是近似恒定的。因此，微通道之间热阻的增加，导致更大的温度差。在微流控芯片中，为了降低温度差，则应选择一个高 k 值的材料。然而，对于高 k 值材料，维持基体上期望的轴向温度梯度的能量消耗将会增加。

对于热梯度器件，根据式（2.27）可知，$\dot{V}\leqslant4.4\mathrm{ul}\cdot\mathrm{min}^{-1}$，$\mathrm{d}T/\mathrm{d}x=3.5℃\cdot\mathrm{mm}^{-1}$时，基体材料和反向流动微通道的设计对温度差几乎没有影响。对于玻璃基微流控芯片，当反向微通道间距 $L\leqslant1\mathrm{mm}$，平均轴向温度梯度 $\mathrm{d}T/\mathrm{d}x\leqslant3.5℃\cdot\mathrm{mm}^{-1}$，体积流量 $\dot{V}\leqslant2\mathrm{ul}\cdot\mathrm{min}^{-1}$时，温度差将不会超过 $0.4℃$。而且，通过减小 L 的值可以增加 $\dot{V}$ 的值获得同样的温度性能。

本文的微通道芯片采用铝薄膜增强了低温区域的热导率，降低了低温区域的温度梯度，根据上述分析可知，对于减小流体流动对低温区域的温度影响是有利的，因此，可以认为在该区域内，流体流动对温度的影响在可以接受的范围内。但是，高温段的温度梯度显著增大，这会直接影响液体在弯道处的温度延迟和温度偏差[78]。

对于热梯度器件，从传热学的角度来看，液体从一个恒温区域进入另一个恒温区域的过程是一个典型的包含入口段的等壁温管内对流换热过程，因此可以将其简化为流体在壁面轴向温度分布发生阶跃的直微细圆管内的对流换热过程[87]。理论分析和数值模拟研究表明[88]，在微流控芯片中，液体流量的大小对恒温性能影响较大，随着流量的增大，在给定恒温区域内，流体截面平均温度能够达到设定值的范围变小，相应的液体所经历的恒温时间也将缩短，因此在流量非常大的情况下将难以实现液体的温度转换。在不同的恒温区域内，液体达到设定温度所需通道长度（通道当量直径的倍数）与流量呈线性关系，随着流量的增加，所需的通道长度增加。当液体的流速较低时，所需的通道长度很小，流体流动对芯片热循环性能的影响可以忽略。

有关流量与反应液温度的研究均表明，当流量较大时，流体流动对流体的温度有较大的影响，会导致流体温度产生较大的偏差；而流量较小时，尽管能够保证液体实现期望的温度要求，但是较低的流量意味着完成整个过程所需时间也会相应增加。因此，对于热梯度器件，在设计过程中需要综合考虑温度和时间的问题，通过温度梯度和微通道结构的优化设计，实现在较大的流量下较为快速地完成处理过程，并尽可能减小液体的温度差。

本书通过在玻璃-PDMS 微流道芯片上建立一个热梯度，实现了具有不同升/降温速率的"无恒温时间"的热循环。如图 2.5 所示，一个透迤形的微通道嵌入 PDMS 的内部。微通道垂直地穿过等温线，反应液在微通道内流动实现温度变化。在期望温度快速变化的地方，微通道的宽度被设计得很小，以便反应液快速流过等温线。相反，在设计为缓慢加热的区域，微通道的宽度较大，反应液缓慢地流过等温线，可以实现一个缓慢的温度变化。单个玻璃-PDMS 微通道芯片的尺寸为 $43mm \times 25mm$，包含两个微通道反应单元包，每个微通道反应单元包为 25 个循环。高温热块和低温热块的距离为 10mm。微通道的设计深度为 $75\mu m$，冷却微通道和加热微通道的宽度分别是 $100\mu m$ 和 $300\mu m$，微通道之间的间距为 $200\mu m$。通过采取这样的设计参数，平均冷却和加热速率比约为 3 : 1。

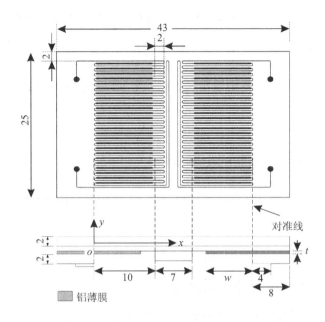

图 2.5　微通道芯片结构尺寸图（单位：mm）

　　本书的温度梯度在低温段较小，在体积流量较小的情况下，液体能够实现较小的温度偏差。在高温区域附近，温度梯度较大，液体会有一个温度延迟偏差。为了改善变性区域的温度均匀性，本书在变性区域设计了一个 2mm 长的恒温微通道，在体积流量较小的情况下，所需的通道长度较小，因此可以实现改善温度延迟偏差的作用，保证液体达到所需温度。此外，该设计还有两个好处：①可以实现 6 个微通道单元共用同一个高温加热器。因为在热梯度器件中，高温是相同的，当低温不同时，温度梯度值不同，如果没有 2mm 长的恒温微通道，则每个微通道单元的高温加热器的温度是不同的。②本书的微通道芯片设计为一次性使用，在芯片放置到加热器的过程中，容易产生位置误差，由于温度梯度值较高，大约为 $5℃ \cdot mm^{-1}$，较小的位置误差就会引起高温的较大误差，设计 2mm 长的恒温微通道，可以保证微通道芯片位置误差为 1mm 时，高温误差仍然维持在较小的范围内，小于 2℃。

本书的玻璃-PDMS 基体的热导率要高于聚合物芯片，反向流动的微通道间距小于1mm。而且，本书设计的体积流量范围在 $0.5 \sim 2ul \cdot min^{-1}$，满足上述分析中关于 $\dot{V}$ 的范围限制，因此，本书设计的微通道芯片可以忽略流体流动对温度的影响。

2.2.4 梯度加热器的功率分析

对于梯度加热器，在温度达到稳定状态之后，热力学能不再变化，根据式（2.6）可知：

$$\Phi_i + \Phi_g - \Phi_o = 0 \tag{2.32}$$

式中：Φ_i——高温加热器传递的热流量；

Φ_g——微加热芯片的生成热，即薄膜电阻的热功率；

Φ_o——散热器散发的热流量。

对梯度加热器的热学模型做简化处理，不考虑各表面的对流换热，根据式（2.1）和式（2.2）可知，高温加热器传递的热流量为

$$\Phi_i = \lambda A_c \frac{T_D - T_A}{\delta} \tag{2.33}$$

式中：λ——微通道芯片的热导率；

A_c——微通道芯片的横截面积；

T_D——高温加热器的温度；

T_A——梯度加热器的温度；

δ——微通道芯片在传热方向的厚度。

假定散热器的温度与梯度加热器的温度相同，根据牛顿冷却式（2.33）可知，散热器散发的热流量为

$$\Phi_o = h A_F (T_A - T_a) \tag{2.34}$$

式中：h——表面传热系数；

　　　A_F——散热面积；

　　　T_A——梯度加热器的温度；

　　　T_a——环境温度（空气温度）。

将式（2.33）和式（2.34）代入式（2.32），可得

$$T_A = \frac{\lambda A_c T_D / \delta + h A_F T_a}{\lambda A_c / \delta - h A_F} + \frac{\varPhi_g}{\lambda A_c / \delta - h A_F} \tag{2.35}$$

式（2.35）的等号右边只有 $\varPhi_g$ 为变量，因此，梯度加热器的温度与微加热芯片的热功率线性相关。现有的微反应腔芯片的实验研究已经证实温度和加热器的热功率呈线性关系，即温度正比于热功率[89,90]。虽然本书的微流控芯片与微反应腔芯片在结构上有较大差异，但是可以确定梯度加热器的温度与热功率直接相关。

梯度加热器由 6 个微加热芯片构成，每个微加热芯片包含一个梯度单元和一个补偿单元。6 个微加热芯片的梯度单元的电阻值被设计为不同值，而补偿单元的电阻值是相同的，如图 2.6 所示。

补偿单元的电阻并联后与外部电压连接，与串联相比，这样可以降低所需的外部电压。每个电阻产生的热功率 P_1 可以表示为

$$P_1 = \frac{U^2}{R_1} \tag{2.36}$$

式中：R_1——补偿单元电阻的电阻值；

　　　U——补偿单元电阻两端的电压。

理论上，当补偿单元电阻采用并联方法连接到一个恒定的外部电压后，梯度加热器上的每个补偿单元可以产生相等的热功率。

梯度单元的电阻串联后与外部电压连接，每个电阻产生的热功率 P_2 可以表示为

$$P_2 = I^2 R_2 \tag{2.37}$$

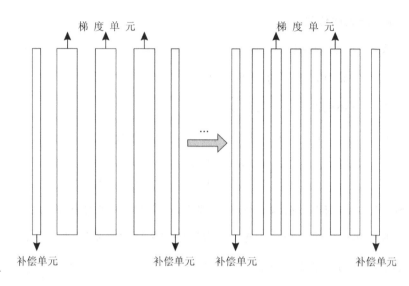

图 2.6 梯度加热器示意图

式中：R_2——梯度单元电阻的电阻值；

   I——梯度单元电阻的电流值。

理论上，当梯度单元的电阻采用串联方法连接到一个恒定的外部电压后，每个电阻可以产生不同的热功率。随着施加的外部电压增大，电路中的电流值将会增加，相邻的电阻之间的热功率的差值将会增加。

对每一个微加热芯片来说，热功率是两种加热电阻产生的热功率的总和。因此，调节施加在梯度单元电阻两端的电压，并调制补偿单元电阻的热功率，6 个微加热芯片上将产生一个变化的热功率，并且微加热芯片的热功率以及相邻微加热芯片之间的热功率差值都是可以控制的。由于退火温度与梯度加热器产生的热功率相关，这样就可以获得一个可以调节的梯度温度。

2.2.5　温度传感器结构设计

设计热敏薄膜电阻时，通常考虑到的因素有：薄膜材料的性能参数、特征尺寸及电阻温度系数等，其中薄膜材料的性能参数和特征尺寸决定了薄膜电阻的阻值以温度传感器的响应频率，而电阻的温度系数则影响着电阻灵敏度，因此在设计时必须重点加以考虑[91]。铂金属作为微型热敏传感器的薄膜电阻材料，其工作温度范围是 $-200 \sim 800$℃，电阻温度系数 TCR 为 3.85×10^{-3}/℃，线性度好，热膨胀系数为 8.9×10^{-6}/℃。薄膜铂电阻的电阻率一般比块状铂电阻率高 3 个数量级，资料显示[92,93]纯净的金属 Pt 电阻率约为 $9.8 \mu\Omega \cdot cm$，Pt 薄膜的电阻率为 $1000 \sim 2000 \mu\Omega \cdot cm$[94]。

热电阻的初值 R_0 的大小选取要考虑如下原则[95]：从减小引出线和连接导线电阻变化的影响以及提高热电阻测量灵敏度两方面考虑，希望 R_0 越大越好，从减小热电阻体积能够减小热惯性提高其温度响应以及减小热电阻本身发热造成测温误差两方面考虑，则希望 R_0 越小越好。MEMS 工艺下的铂薄膜温度传感器电阻体积小、热惯量小、响应速度快，因此设计时可尽量提高 R_0 值。并且，从控制热电阻本身发热造成的测温误差出发，计算铂电阻的最大允许电流。

本章设计的铂电阻温度传感器尺寸如下：厚度为 $1000 \sim 2000$Å，宽度为 $20 \mu m$，长度 5.5mm，结构为弓字形，如图 2.7 所示。

图 2.7　Pt 温度传感器结构

按式（2.38）估算热电阻的初值：

$$R_0 = 10^5 \times \rho \cdot \frac{l}{h \cdot b} \qquad (2.38)$$

式中：R_0——加热器电阻，Ω；

ρ——Pt 薄膜的电阻率，$\mu\Omega \cdot cm$；

l——Pt 薄膜电阻的长度，mm；

b——掺杂电阻条的宽度，μm；

h——Pt 薄膜的厚度，Å。

取 Pt 薄膜的电阻率为 $1500\mu\Omega \cdot cm$，厚度为 2000Å。将其他设计参数代入式（2.38）得，Pt 温度传感器的初值电阻约为 $5.5 \times 10^2\,\Omega$。铂电阻的温度系数为 $R_0 \cdot TCR$，其中，TCR 为电阻温度系数，表示当温度改变1℃ 时，导体电阻值的相对变化量，单位为 ppm/℃。在室温下，Pt 电阻的 RTC 为 0.00385ppm/℃，故灵敏度约为 2Ω/℃。

理论计算与实际应用会有偏差，这个偏差是多方面原因引起的，如结构、光刻、层厚等因素。除此以外，封装过程对各个温度传感器产生的影响也会有很大差异。因此，在试验之前对每个温度传感器进行校准是十分必要的。

2.3 本章小结

本章在对现有热梯度器件进行对比分析的基础上，选择了玻璃-PDMS 材料作为微通道的衬底材料，硅作为微加热芯片的衬底材料，采用金制作薄膜加热电阻。设计了热梯度器件的总体结构，通过理论分析指出，在一维导热过程中，材料的热导率不同时，将在导热方向上产生不同的温度梯度，据此提出采用铝薄膜增强温度梯度非线性的方法；分析讨论了流体流动对基体和流体温度的影响，结果表明增强基体的热导率，降低流体的体积流量，可以改善流动对温度的影响，通过采用 2mm 的恒温通道对弯道处的温度偏差进行了改善，设计了微通道的结构和几何尺寸；分析了梯度加热器的功率与温度的关系，提出了一种新型的梯度加热器的设计，联合梯度单元和补偿单元，产生可以调节的梯度温度。

第3章 温度特性的数值模拟与优化

铝薄膜的厚度和宽度直接决定了微通道芯片上的温度梯度，同时会对微通道芯片的功耗产生影响。此外，在梯度加热器的功率分析中，对理论模型做了简化，有可能对分析结果产生影响。为了优化设计铝薄膜的结构尺寸参数，以及微加热芯片的电阻阻值，需要对这些影响进行研究。ANSYS 有限元商用软件是目前应用较为广泛的一款商业软件，能够对各种稳态和非稳态传热进行数值分析，获得较为准确细致的结果。因此，本章采用 ANSYS 软件，对铝薄膜的厚度、宽度与温度梯度、功耗之间的关系，梯度加热器的热功率与温度的关系，以及微加热芯片的排列方式对高温区域均匀性的影响进行了仿真分析。

3.1 ANSYS 热分析与建模

3.1.1 热分析基础

热分析用于计算一个系统或部件的温度分布及其他热物理参数，如热量的获取或损失、热梯度、热流密度（热通量）等。ANSYS 热分析基于由能量守恒原理导出的热平衡方程，使用有限元法计算各节点的温度，并由其导出其他热物理参数。ANSYS 热分析包括热传导、热对流及热辐射三种热传递方式，此外还可以分析相变、有内热源、接触热阻等问题[96]。

热分析遵循热力学第一定律，即能量守恒定律。对于一个封闭的系统（没有质量的流入或流出），则

$$Q-W=\Delta U+\Delta KE+\Delta PE \qquad (3.1)$$

式中：Q——热量；

$\quad\quad W$——做功；

$\quad\quad \Delta U$——系统内能；

$\quad\quad \Delta KE$——系统动能；

$\quad\quad \Delta PE$——系统势能。

对于大多数工程传热问题，$\Delta KE=\Delta PE=0$；通常考虑没有做功，$W=0$。则

$$Q=\Delta U \qquad (3.2)$$

热传导可以定义为完全接触的两个物体之间或一个物体的不同部分之间由于温度梯度而引起的内能的交换，热传导遵循傅里叶定律。

热对流是指固体的表面与它周围接触的流体之间，由于温差的存在引起的热量的交换。热对流可以分为两类：自然对流和强制对流。热对流用牛顿冷却方程来描述。

热辐射指物体发射电磁能，并被其他物体吸收转变为热的热量交换过程。物体温度越高，单位时间辐射的热量越多。热传导和热对流都需要有传热介质，而热辐射无须任何介质。实质上，在真空中的热辐射效率最高。在工程中通常考虑两个或两个以上物体之间的辐射，系统中每个物体同时辐射并吸收热量。它们之间的净热量传递可以用斯蒂芬—玻耳兹曼方程来计算。

3.1.2 稳态热分析

如果系统的净流滤为 0，即流入系统的热量加上系统自身产生的热量等

于流出系统的热量，则系统处于热稳态。在稳态热分析中，任一节点的温度不随时间变化。稳态热分析的能量平衡方程为（以矩阵形式表示）：

$$KT = Q \tag{3.3}$$

式中：K——传导矩阵，包含热系数、对流系数及辐射和形状系数；

　　　T——节点温度向量；

　　　Q——节点热流率向量，包括热生成。

ANSYS 利用模型几何参数、材料热性能参数以及所施加的边界条件，生成 K、T 及 Q。

稳态传热用于分析稳定的热载荷对系统或部件的影响。通常在进行瞬态热分析以前，进行稳态热分析用于确定初始温度分布。也可以在所有瞬态效应消失后，将稳态热分析作为瞬态热分析的最后一步进行分析。

稳态热分析可以计算确定由于不随时间变化的热载荷引起的温度、热梯度、热流率、热流密度等参数。这些热载荷包括对流、辐射、热流率、热流密度（单位面积热流）、热生成率（单位体积热流）、固定温度的边界条件。

稳态热分析可用于材料属性固定不变的线性问题和材料性质随温度变化的非线性问题。事实上，大多数材料的热性能都随温度变化，因此在通常情况下，热分析都是非线性的。当然，如果在分析中考虑辐射，则分析也是非线性的。

3.1.3　非线性热分析

如果有下列情况产生，则为非线性热分析。

（1）材料热性能随温度变化。

（2）边界条件随温度变化。

（3）含有非线性单元。

（4）考虑辐射传热。

非线性热分析的热平衡方程为

$$[C(T)]\{\dot{T}\}+[K(T)]\{T\}=\{Q(T)\} \tag{3.4}$$

式中：$C(T)$——比热矩阵；

$\{\dot{T}\}$——温度对时间的导数；

$K(T)$——传导矩阵，包含导热系数、对流系数、辐射率和形状系数；

T——节点温度向量；

$Q(T)$——节点热流率向量，包含热生成。

3.1.4 边界与初始条件

ANSYS 热分析的边界条件或初始条件可分为 7 种：温度、热流率、对流、热辐射、绝热面、热通量、热生成率。

（1）温度：模型区温度已知。

（2）热流率：热流率已知的点。

（3）对流：表面的热传递给周围的流体，输入对流换热系数 h 和环境流体的平均温度 T_b。

（4）热辐射：通过辐射产生热传递的面，输入辐射系数、玻耳兹曼常数，"空间节点"的温度作为可选项输入。

（5）绝热面："完全绝热"的面，该面上不发生热传递。

（6）热通量：单位面积上的热流率已知的面。

（7）热生成率：体的生热率已知的区域。

3.1.5 热分析基本过程

ANSYS 热分析包含如下三个主要步骤：前处理——建模；求解——施加荷载并求解；后处理——查看结果。

1. 前处理

建立一个模型的内容包括：首先为分析指定 jobname 和 title；然后在前处理器中定义单元类型、单元实常数、材料属性以及建立几何实体并划分网格。模型既可以用 ANSYS 建立，也可以用其他方法建好模型后导入。

2. 求解

在这一步骤中，必须指定所要进行的分析类型及其选项，对模型施加荷载，定义荷载选项，最后执行求解。

ANSYS 可以直接在实体模型或者单元模型上施加 5 种载荷。

（1）恒定的温度（TEMP）。通常作为自由度约束施加于温度已知的边界上。

（2）热流率（HEAT）。热流率作为节点集中载荷，主要用于线单元（如传导杆、辐射连接单元等）模型中，而这些线单元模型通常不能直接施加对流和热流密度载荷。如果输入的值为正，表示热流流入节点，即单元获取热量。如果温度与热流率同时施加在一节点上，则温度约束条件优先。

如果在实体单元的某一节点上施加热流率，则此节点周围的单元应该密一些；特别是与该节点相连的单元的导热系数差别很大时，尤其要注意，不然可能会得到异常的温度值。因此，只要有可能，都应该使用热生成或热流密度边界条件，这些热荷载即使是在网格较为粗糙的时候都能得到较好的结果。

（3）对流（CONV）。对流边界条件作为面载施加于分析模型的外表面上，用于计算与模型周围流体介质的热交换，它仅可施加于实体和壳模型上。对于线单元模型，可以通过对流杆单元 LINK34 来定义对流。

（4）热流密度（HEAT）。热流密度也是一种面载荷。当通过单位面积的热流率已知或通过 FLOTRAN CFD 的计算可得到时，可以在模型相应的外表面或表面效应单元上施加热流密度。如果输入的值为正，表示热流流入单元。热流密度也仅适用于实体和壳单元。单元的表面可以施加热流密度，也可以施加对流，但 ANSYS 仅读取最后施加的面载进行计算。

（5）热生成率（HGEN）。热生成率作为体载施加于单元上，可以模拟单元内的热生成，如化学反应生热或电流生热。它的单位是单位体积的热流率。

3. 后处理

ANSYS 热分析的结果包含如下数据：节点温度、节点及单元的热流密度、节点及单元的热梯度、单元热流率、节点的反作用热流率及其他。

对于稳态热分析可以使用 POST1 进行热处理，进入 POST1 后，读入载荷步和子步。然后可以通过如下三种方式查看结果：彩色云图显示、矢量图显示和列表显示。

3.1.6 建模与施加载荷

本章设计的微通道的结构尺寸较小，为微米量级，在有限元分析中，为了简化计算，模型中没有微通道结构，忽略了微通道对结果的影响。设定玻璃的热导率为 $1.1W \cdot m^{-1} \cdot K^{-1}$，PDMS 的热导率为 $0.18W \cdot m^{-1} \cdot K^{-1}$，铝薄膜的热导率为 $230W \cdot m^{-1} \cdot K^{-1}$，玻璃-PDMS 表面的自然对流换热系数为 $10W \cdot m^{-2} \cdot K^{-1}$，环境温度被设定为 25℃。采用 Solid 87 单元对模型结构进行网格划分。有限元分析分为三部分：首先施加温度载荷，分析铝薄膜厚度和宽度对温度梯度的影响；之后施加热流密度载荷，分析铝薄膜厚度和宽度对功耗的影响；然后施加热流密度载荷，分析梯度加热器的热功率与退火温度的关系；最后施加热流密度载荷，分析微加热芯片的排列方式对高温区域均匀性的影响。数值模拟的模型如图 3.1 所示。

图 3.1 热梯度器件的三维模型

3.2 温度梯度的优化

3.2.1 铝薄膜尺寸对温度梯度的影响

通过数值模拟分析了在不同宽度（$w=5\text{mm}$、6mm、7mm、8mm、9mm）和不同厚度（$t=25\mu\text{m}$、$50\mu\text{m}$、$100\mu\text{m}$）的铝薄膜，不同低温温度（50℃、70℃）的条件下微通道芯片上的温度分布。由于 6 个微通道单元施加了同样的低温温度，具有相同的温度分布，因此在结果中只显示一对（或一个）微通道反应单元的温度梯度。

图 3.2 分别为在不同低温温度下，没有铝薄膜时微通道所在层面的温度分布。从图中可以看出，温度梯度近似为线性。

图 3.3 为低温温度 50℃时增加铝薄膜（$t=25\mu\text{m}$）后的微通道所在层面的温度分布图，从图中可以看出，增加铝薄膜后，温度分布出现了明显的变化，温度梯度非线性得到了增强。

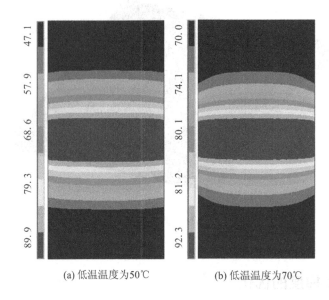

(a) 低温温度为50℃ (b) 低温温度为70℃

图 3.2 没有铝薄膜时的温度分布图

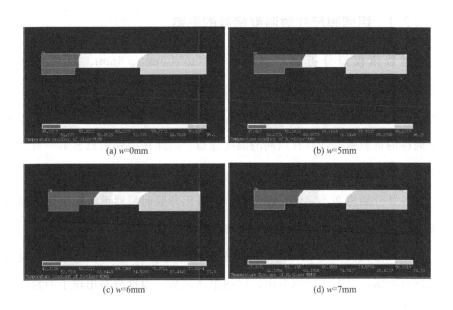

(a) w=0mm (b) w=5mm

(c) w=6mm (d) w=7mm

图 3.3 低温 50℃ （t＝25μm）的温度分布图

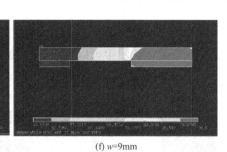

(e) w=8mm   (f) w=9mm

图 3.3（续）

图 3.4 为低温温度 70℃时增加铝薄膜（$t=25\mu m$）后的微通道所在层面的温度分布图。从图中可以看出，增加铝薄膜后，随着宽度的增加，温度梯度非线性呈现出先增强后减小的趋势。

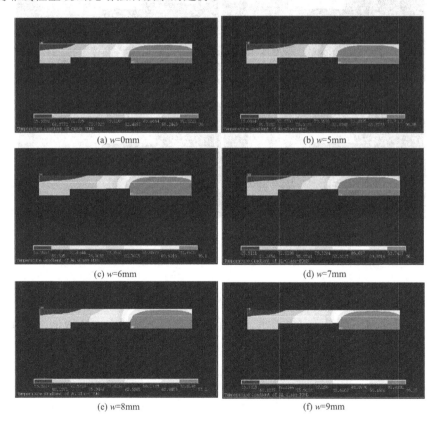

(a) w=0mm   (b) w=5mm

(c) w=6mm   (d) w=7mm

(e) w=8mm   (f) w=9mm

图 3.4 低温 70℃（$t=25\mu m$）的温度分布图

图 3.5 为低温温度 50℃时增加铝薄膜（$t=50\mu m$）后的微通道所在层面的温度分布图，从图中可以看出，增加铝薄膜后，温度分布出现了明显的变化，温度梯度非线性得到了增强。

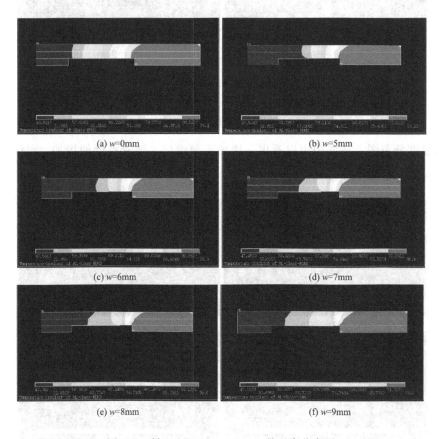

(a) $w=0$mm

(b) $w=5$mm

(c) $w=6$mm

(d) $w=7$mm

(e) $w=8$mm

(f) $w=9$mm

图 3.5　低温 50℃（$t=50\mu m$）的温度分布图

图 3.6 为低温温度 70℃时增加铝薄膜（$t=25\mu m$）后的微通道所在层面的温度分布图。从图中可以看出，增加铝薄膜后，随着宽度的增加，温度梯度非线性呈现出先增强后减小的趋势。

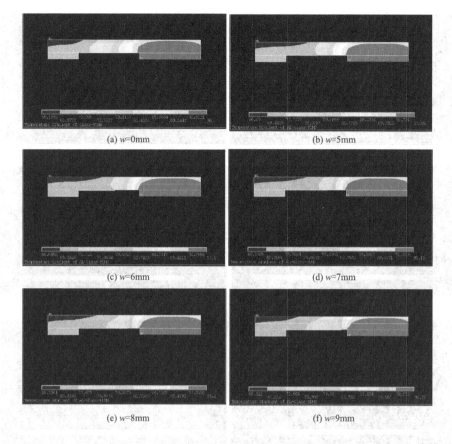

(a) *w*=0mm (b) *w*=5mm

(c) *w*=6mm (d) *w*=7mm

(e) *w*=8mm (f) *w*=9mm

图 3.6　低温 70℃（$t=50\mu m$）的温度分布图

图 3.7 为低温温度 50℃时增加铝薄膜（$t=100\mu m$）后的微通道所在层面的温度分布图，从图中可以看出，增加铝薄膜后，温度分布出现了明显的变化，温度梯度非线性得到了增强。

图 3.8 为低温温度 70℃时增加铝薄膜（$t=100\mu m$）后的微通道所在层面的温度分布图。从图中可以看出，增加铝薄膜后，随着宽度的增加，温度梯度非线性基本呈现出增强的趋势。

为了对温度分布图中的温度梯度有更清楚直观的了解，分析了微通道芯片中心线上的温度梯度数据，温度梯度的坐标示意图如图 3.9 所示。不同宽

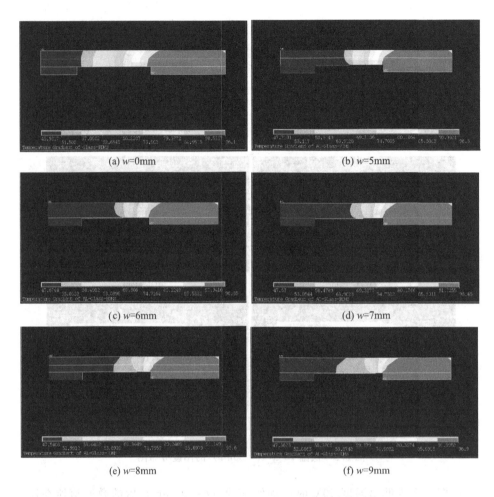

(a) w=0mm   (b) w=5mm

(c) w=6mm   (d) w=7mm

(e) w=8mm   (f) w=9mm

图 3.7 低温 50℃ ($t=100\mu m$) 的温度分布图

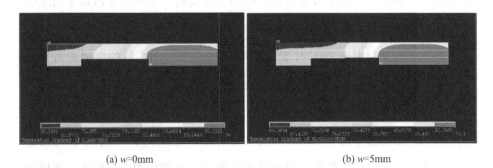

(a) w=0mm   (b) w=5mm

图 3.8 低温 70℃ ($t=100\mu m$) 的温度分布图

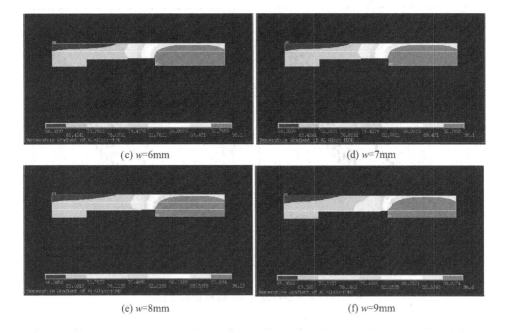

(c) w=6mm　　　　　　　　　　(d) w=7mm

(e) w=8mm　　　　　　　　　　(f) w=9mm

图 3.8（续）

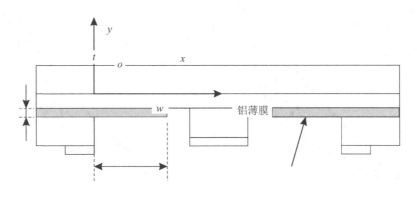

图 3.9　温度梯度坐标示意图

度（$w=5$mm、6mm、7mm、8mm、9mm）和不同厚度（$t=25\mu$m、50μm、100μm）的铝薄膜，在不同的低温温度（50℃、70℃）下，对微通道芯片上微通道所在层面的温度梯度的影响如图 3.10、图 3.11 和图 3.12 所示。本文增强温度梯度的非线性最主要的目的就是延长低温段的长度，缩短循环时间。因此，为了衡量温度梯度的性能，将低温段的有效长度作为温度梯度的

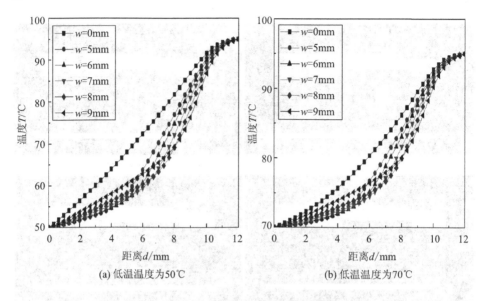

(a) 低温温度为50℃   (b) 低温温度为70℃

图 3.10 铝薄膜厚度为 $25\mu m$ 时的温度梯度

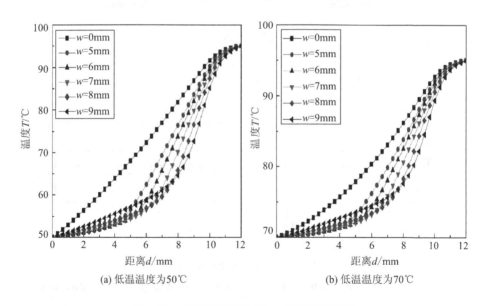

(a) 低温温度为50℃   (b) 低温温度为70℃

图 3.11 铝薄膜厚度为 $50\mu m$ 时的温度梯度

衡量标准，有效长度越长，微通道芯片的性能越好。

从图 3.10、图 3.11 和图 3.12 中可以很明显地看出温度梯度的非线性增加了。与没有铝薄膜时近似线性的温度梯度不同，增加铝薄膜后，温度梯度

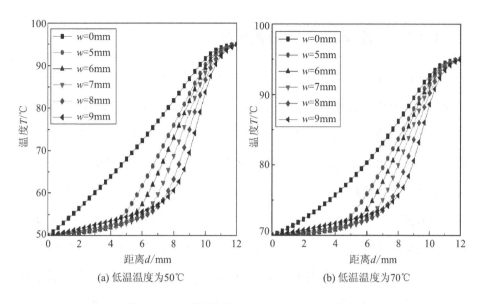

图 3.12　铝薄膜厚度为 $100\mu m$ 时的温度梯度

被明显地分为具有不同温度梯度值的两部分。与近似线性的温度梯度相比较，低温段的温度梯度降低了，高温段的温度梯度增加了，从而增加了低温段的有效长度。当低温温度为 50℃ 时，增加铝薄膜之前的有效长度为 5.9mm，增加铝薄膜后，随着铝薄膜宽度和厚度的增加，延伸区域的有效长度明显地增加。但是，铝薄膜的宽度对低温段有效长度的影响比厚度的影响更大。当铝薄膜的宽度为 9mm、厚度为 $100\mu m$ 时，有效长度达到最大值，为 9.2mm。当低温温度为 70℃ 时，增加铝薄膜之前的有效长度为 1.8mm，增加铝薄膜后，在初始阶段，随着铝薄膜宽度的增加，低温段有效长度明显地增加，但是当铝薄膜的宽度增加到一定的值以后，低温段有效长度反而随着铝薄膜宽度的增加而减小。而随着铝薄膜厚度的增加，有效长度始终保持显著增加的趋势。当铝薄膜的宽度为 8mm、厚度为 $100\mu m$ 时，有效长度达到最大值，为 5.7mm。

3.2.2 铝薄膜尺寸对功耗的影响

微通道芯片的高温加热器和梯度加热器之间的距离只有 10mm，由于尺寸较小，需要在梯度加热器上安装翅片散热器才能获得 50℃ 的低温温度[46]。在没有增加铝薄膜之前，由于玻璃-PDMS 的热导率很低，所需的翅片散热器较小。增加铝薄膜之后，由于铝的热导率很高，增强了微通道芯片的导热，更多的热量从高温加热器传递到梯度加热器，因此需要更大的翅片散热器进行散热。并且，随着铝薄膜宽度和厚度的变化，梯度加热器所需的散热热流量也将发生变化。图 3.13 给出了在不同宽度和厚度的铝薄膜情况下，获得 48℃ 的温度所需的散热热流量。随着铝薄膜宽度和厚度的增加，梯度加热器所需的散热热流量显著增加，并且铝薄膜的宽度越大，增加一定的宽度和厚度之后，散热量的增量越大。需要指出的是，本书中梯度加热器的散热热流量和热功率均指单个微加热芯片所对应的散热热流量和热功率。

增加铝薄膜之后，增加了梯度加热器上的散热热流量，同时也会增加高

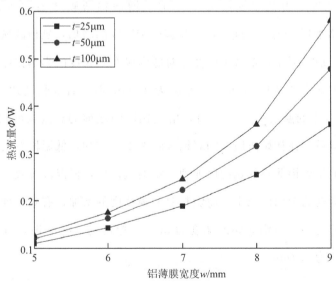

图 3.13　不同宽度和厚度的铝薄膜对应的散热热流量

温加热器所需的热功率。图 3.14 给出了在不同宽度和厚度的铝薄膜情况下，高温加热器获得设定的变性温度所需的热功率。与散热热流量的变化趋势几乎相同，随着铝薄膜宽度和厚度的增加，高温加热器所需的热功率显著增加，并且铝薄膜的宽度越大，增加一定的宽度和厚度之后，高温加热器所需的热功率越大。

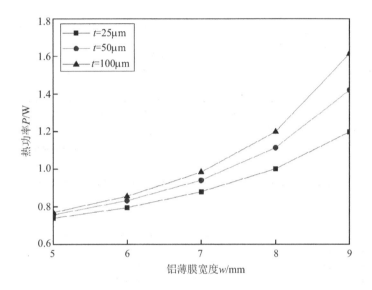

图 3.14　不同宽度和厚度的铝薄膜对应的高温热功率

图 3.15 和图 3.16 分别给出了低温温度为 50℃ 和 70℃ 时，梯度加热器和高温加热器的热功率。热功率的变化趋势均与图 3.14 中的变化趋势相同。当低温温度为 50℃ 时，梯度加热器的热功率很小，高温加热器的热功率显著高于低温加热器的热功率；当低温温度为 70℃ 时，低温加热器的热功率显著上升，而高温加热器的热功率反而有所下降，但是梯度加热器和高温加热器的热功率之和仍然大于 50℃ 时的梯度加热器和高温加热器热功率之和。

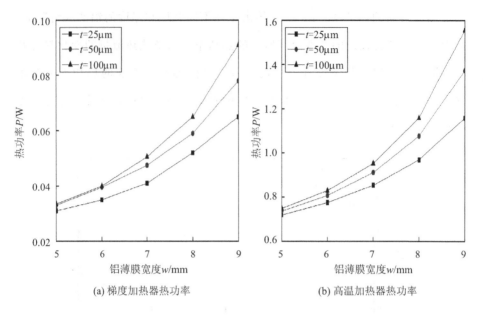

(a) 梯度加热器热功率   (b) 高温加热器热功率

图 3.15   低温温度为 50℃时低温加热器和高温加热器的热功率

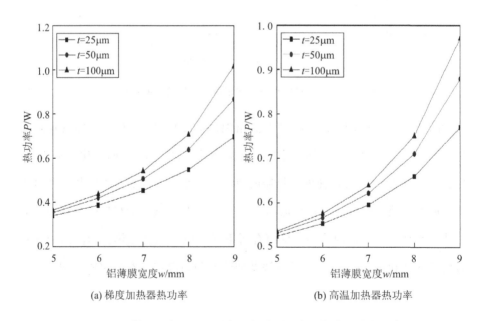

(a) 梯度加热器热功率   (b) 高温加热器热功率

图 3.16   低温温度为 70℃时低温加热器和高温加热器的热功率

3.2.3　铝薄膜尺寸优化

对于热梯度器件来说，热循环时间和功耗是两个主要的性能参数。热循环时间决定了分析速度，系统的功耗直接影响系统的便携化使用，而分析速度快和便携化使用则是微流控系统相对于传统设备最主要的优点。然而，从上述仿真分析结果可以看出，这两个参数之间具有相互制约的关系，对其中一个性能的提升意味着另一个性能的下降。因为要缩短热循环时间就要增强温度梯度的非线性，而增强温度梯度的非线性则会增加系统的功耗。因此，在本书的研究中需要在增强温度梯度非线性的同时尽可能地将系统功耗维持在较低水平。

仿真分析表明，若低温温度为 50℃，则铝薄膜的宽度为 9mm 时低温段有效长度最大；若低温温度为 70℃，则铝薄膜的宽度为 8mm 时低温段有效长度最大。并且，当铝薄膜宽度从 8mm 增加到 9mm 时，功耗将会急剧增加。因此，8mm 的铝薄膜宽度显著地增加了低温段有效长度，并且避免了功耗的大幅增加。

此外，虽然低温段有效长度随着铝薄膜厚度的增加，始终保持增加的趋势，但是，在低温温度为 50℃时，铝薄膜的厚度对有效长度的影响相对较小。尽管在低温温度为 70℃时，铝薄膜的厚度对有效长度的影响相对较大，但是，在热梯度器件中，低温温度为 70℃接近于极端情况[58]。并且，当铝薄膜宽度为 8mm 时，随着铝薄膜厚度的增加，功耗也会显著增加。因此，本书的设计中，铝薄膜的厚度取 50μm，宽度取 8mm。

3.3　梯度加热器的优化

3.3.1　热功率与温度的关系

本书设计的微通道芯片，梯度加热器的温度由高温加热器传递的热量、微加热芯片产生的热量和散热器散发的热量决定。因此，本书通过 ANSYS 仿真分析研究了温度与梯度加热器的热功率的关系，为梯度加热器的设计提供指导。图 3.17 表明，梯度加热器的温度和微加热芯片的热功率成线性关系，随着微加热芯片的热功率的增加，梯度加热器的温度持续升高，与理论分析得到的结果一致。

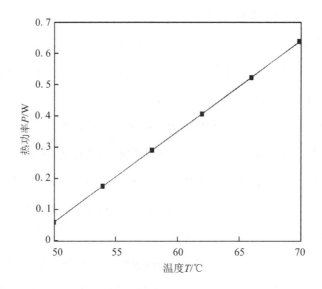

图 3.17　梯度加热器的温度与热功率的关系

3.3.2　微加热芯片的电阻设计

经过仿真分析得知，梯度加热器的温度和微加热芯片的热功率呈线性关系，因此，本书将梯度单元的电阻阻值设计成等差数列，从而产生线性变化的热功率，获得线性变化的梯度温度，如图 3.18 所示。

梯度单元的电阻阻值为等差数列，即 R_0、R_0+r、R_0+2r、R_0+3r、R_0+4r、R_0+5r。由于梯度单元的电阻采用串联方法与外部电压连接，热功率差值由梯度单元电阻的差值，即 r 的值决定，因此，应当尽可能减小 R_0 的值，这样可以减小总电阻值，降低外部电压。本书将 R_0 的值设计为 0。该设

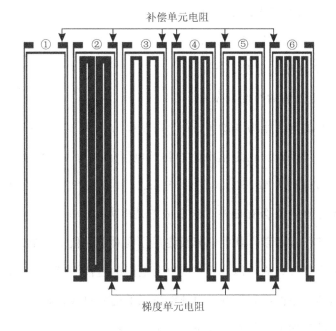

图 3.18   微加热芯片的电阻版图

计的另一个好处是可以有效降低系统的功耗。因为第一个梯度单元的电阻的
热功率为零，在实现同样的梯度温度的情况下（如 50～70℃），可以降低翅
片散热器所需的散热热流量，从而降低高温加热器和梯度加热器的热功率。
如果 R_0 的值不为 0，第一个梯度单元的电阻产生的热功率也将会使温度升高
4℃，那么在梯度加热器不加热的情况下，需要依靠翅片散热器将梯度加热
器的温度降低到 46℃；如果 R_0 的值为 0，只需要依靠翅片散热器将梯度加热
器的温度降低到 50℃即可。

每一个微加热芯片的尺寸是 20mm×4mm，补偿单元的电阻设计为
100μm 宽，梯度单元的电阻分别设计为 600μm、300μm、300μm、225μm、
240μm 宽，厚度为 1000～2000Å。电阻的设计电阻值为

$$R_0 = 10^5 \times \rho \frac{l}{hb} \tag{3.5}$$

式中：R_0——薄膜电阻的初始电阻值，Ω；

ρ——金薄膜的电阻率，$\mu\Omega \cdot cm$；

l——金薄膜的长度，mm；

b——金薄膜的宽度，μm；

h——金薄膜的厚度，Å。

取金薄膜的电阻率为 $3\mu\Omega \cdot cm^{[120]}$，厚度为 2000Å，将其他设计参数代入式（3.3），可以计算出定值电阻的初始电阻值约为 115Ω，线性变值电阻的初始电阻值分别为 18.5Ω、37Ω、55.5Ω、74.0Ω、92.5Ω。电阻值的理论计算值与实际测量值会有偏差，这个偏差是多方面的原因产生的，如结构、光刻、薄膜淀积等因素，其中，薄膜淀积厚度对电阻值的影响最大。虽然厚度对电阻值有较大影响，但是对梯度单元电阻的差值没有影响，因而对梯度加热器的热功率差值没有影响。而补偿单元的电阻只要保证阻值相同，就可以产生相同的热功率，其阻值大小没有影响。

3.3.3 微加热芯片的排列方式

仿真分析表明，当低温温度不同时，高温加热器维持温度所需的热功率不同。由于本书的热梯度器件共用一个高温加热器，当低温温度不同时，高温区域的温度均匀性可能会受到影响。因此，需要对梯度加热器的微加热芯片的排列方式进行优化，确保高温区域的温度均匀性。本书通过仿真分析研究了微加热芯片 S 形排列和 U 形排列时的高温区域和低温区域的温度分布，两种排列的示意图如图 3.19 所示。温度分布的坐标示意图如图 3.20 所示。

微加热芯片采用 U 形排列时，根据图 3.17 的仿真结果对梯度加热器的 6 个微加热芯片施加不同的热功率，根据图 3.15 和图 3.16 的仿真结果，对高温加热器施加 50℃温度和 70℃温度对应的高温加热器热功率的平均值，在低温区域获得了与图 3.12 相一致的梯度温度；在高温区域获得了均匀的温度分布，如图 3.21 所示，高温等温线和低温等温线的温度数据如图 3.22

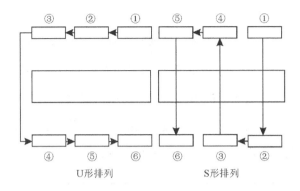

U形排列　　　　　　　　　S形排列

图 3.19　微加热芯片的排列方式

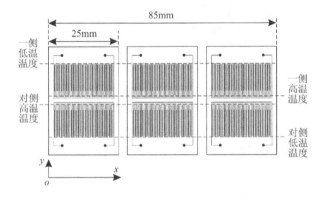

图 3.20　温度分布坐标示意图

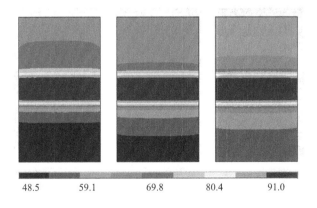

| 48.5 | 59.1 | 69.8 | 80.4 | 91.0 |

图 3.21　U形排列时的温度分布图

所示。

然而，当微加热芯片采用 S 形排列时，对梯度加热器和高温加热器施加与图 3.22 同样的热功率，却未能获得期望的温度分布，如图 3.23 所示。高温区域的温度分布呈现明显的不均匀性，一端的温度低于期望值，另一端的温度高于期望值，并且由于受到高温区域的温度不均匀性的影响，低温区域的温度值也与期望值产生偏差，如图 3.24 所示。

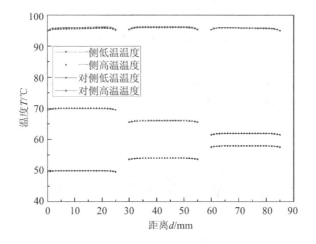

图 3.22 U 形排列时的温度分布

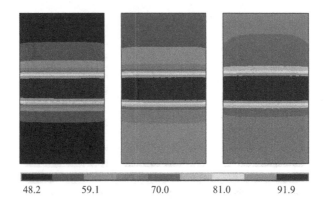

图 3.23 S 形排列时的温度分布图

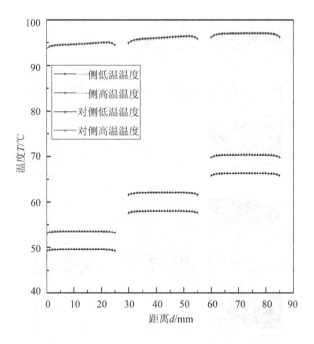

图 3.24　S 形排列时的温度分布

　　分别降低和提高高温加热器的热功率，在高温区域仍然无法获得均匀的温度分布，如图 3.25 所示。当高温加热器的热功率低于平均热功率时，高温区域的温度整体下降，但仍然呈现出一端低、另一端高的情况。同样的，当高温加热器的热功率高于平均热功率时，高温区域的温度整体上升，但仍然呈现出一端低、另一端高的情况，如图 3.26 所示。因此，在本书研究中，梯度加热器的微加热芯片采用 U 形排列的布置方法。

3.3.4　温度控制偏差

　　本书的微通道芯片采用玻璃-PDMS 结构，由于玻璃的热导率相对较低，且厚度相对较大，微通道所在层面的温度与加热器的温度存在温度差。精确的温度控制对于热梯度器件非常重要，而温控系统是根据温度传感器检测到的加热器的温度来进行控制的，因此，为了精确控制微通道所在层面的温

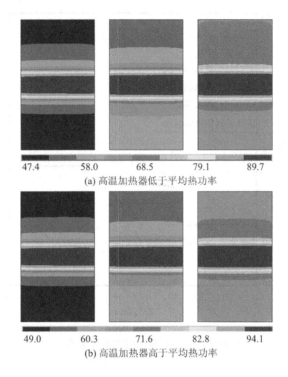

(a) 高温加热器低于平均热功率

(b) 高温加热器高于平均热功率

图 3.25　S 形排列时不同热功率的温度分布图

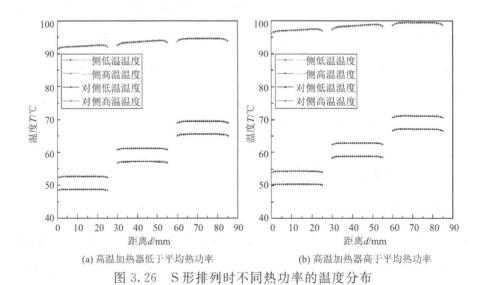

(a) 高温加热器低于平均热功率　　　　　(b) 高温加热器高于平均热功率

图 3.26　S 形排列时不同热功率的温度分布

度，需要对微通道所在层面与加热器的温度差进行研究。表 3.1 给出了加热器的温度与微通道温度之间的对应关系。梯度加热器和低温温度的温度差以及高温加热器和高温温度的温度差均与低温温度有关，随着低温温度的升高，两种温度差总体上都有变小的趋势。梯度加热器与微通道所在层面的低温温度的温度差小于 0.4℃，而高温加热器与微通道所在层面的高温温度的温度差小于 1.4℃。但是两种温度差随着低温温度变化而产生的波动均不超过 0.4℃。因此，为了简便操作，在实验过程中可以将低温加热器的温度设定为低温温度，将高温加热器的温度设定为 97.2℃。

表 3.1　加热器的温度与低温温度之间的对应关系

退火温度/℃	50	52	54	56	58	60	62	64	66	68	70
梯度加热器的温度/℃	49.6	51.6	53.7	55.7	57.8	59.8	61.9	63.9	66	68.1	70.1
高温加热器的温度/℃	97.4	97.4	97.3	97.3	97.3	97.2	97.2	97.2	97.1	97.1	97.1

3.4　本章小结

本章建立了热梯度器件的三维模型，采用 ANSYS 软件分析了铝薄膜厚度和宽度对温度梯度和功耗的影响，综合考虑温度梯度和功耗，优化设计了铝薄膜的结构尺寸。分析了梯度加热器的温度和热功率的关系，根据结果设计了微加热芯片的电阻；分析了微加热芯片 S 形和 U 形两种排列方式下，高温区域的温度均匀性，结果显示 U 形排列方式可以获得良好的温度均匀性；分析了加热器的温度与低温温度和高温温度的差值。

第 4 章　热梯度器件的加工与制作

在完成热梯度器件的设计之后，采用基于 MEMS 技术的加工工艺，完成了热梯度器件的加工与制作。热梯度器件的加工所需的工艺主要包括热氧化、薄膜沉积、金属溅射、光刻、模塑成型和氧等离子体键合。本章将基于以上工艺，介绍热梯度器件的工艺流程以及加工中的关键技术。主要内容包括：微加热芯片的工艺流程，SU-8 阳模的工艺流程，PDMS 微通道基片的模塑成型，玻璃-PDMS 芯片的氧等离子体键合，以及热梯度器件的构建。

4.1　微加热芯片的关键技术和工艺流程

4.1.1　氮化硅薄膜沉积技术

本书采用半导体单晶硅材料作为微加热芯片的衬底，但是单晶硅的电绝缘性能较差，在制作微加热芯片时必须进行电绝缘处理。Si_3N_4 薄膜是一种理想的电绝缘介质膜，不仅结构致密、硬度大、介电强度高，而且化学性质相对稳定，导热性好。因此，本书采用 Si_3N_4 薄膜作为衬底的介质层来提高微加热芯片的电绝缘性能。

实验中，通常采用低压强化学气相沉积（LPCVD）来生长 Si_3N_4 薄膜。

LPCVD 是化学气相沉积的一种，利用气体之间或气体与基体之间的化学反应来生成固体薄膜，沉积于基体表面。LPCVD 必须在真空密封的反应腔内部进行，腔内压强约为 1mmHg（约133.3Pa）[97]。该方法由于压强低，使反应管的内部大部分是反应气体。这样，反应气体向基片表面的扩散进行得更充分。相对于常规的 CVD，LPCVD 生长速度快，工艺一致性和薄膜均匀性好，并具有成本低、安全性好等优点。

图 4.1 所示为热壁式 LPCVD 反应器原理图。石英管用三温区管状炉加热，气体由一端引入，另一端抽出，硅片竖直插在开槽的石英舟上。典型的工艺参数为：压强为 30~250Pa，气体流速为 1~10cm·s^{-1}，温度为300~900℃。这种反应器沉积薄膜非常均匀而且加工量大。沉积时，含有沉积反应物的气体流过加热的硅片表面，硅片表面的温度为反应提供初始能量，促使反应物发生化学反应，并使反应生成物沉积在硅片表面形成薄膜层。目前 Si_3N_4 主要有三种反应方式：分别采用硅烷、四氯硅烷和二氯二氢硅与氨气作为源气体进行反应，主要反应式如下：

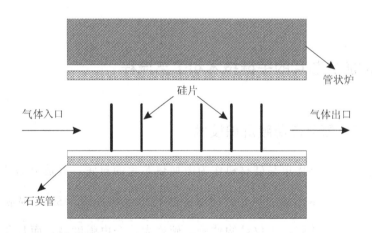

气体入口　　硅片　　气体出口　　管状炉　　石英管

图 4.1　热壁式 LPCVD 反应器原理图

$$3SiH_4 + 4NH_3 \longrightarrow Si_3N_4 + 12H_2 \tag{4.1}$$

$$3SiCl_4 + 4NH_3 \longrightarrow Si_3N_4 + 12HCl \tag{4.2}$$

$$3SiH_2Cl_2 + 4NH_3 \longrightarrow Si_3N_4 + 6H_2 + 6HCl \qquad\qquad (4.3)$$

本书采用第一种反应方式来进行 Si_3N_4 的沉积，生长的薄膜将作为微加热芯片的电绝缘介质层。

4.1.2　金薄膜沉积技术

金属薄膜的沉积采用物理气相沉积（PVD）技术。PVD 主要有两种基本方法：真空蒸发沉积和物理溅射沉积。真空蒸发沉积是利用加热电阻加热靶材或电子束轰击靶材使其蒸发，如图 4.2 所示，在扩散过程中，一部分蒸发的材料到达基体的低温表面，凝结成一定厚度的薄膜。对于一个密闭容器来说，当温度和相对的饱和蒸气压过高时，会导致蒸发表面上方的压强上升。在这种情况下，金属蒸气分子的运动轨迹可能不再是直线，而是一种黏滞流态，形成金属液滴，从而造成沉积层不均匀。因此，为了得到均匀性好、质量高的薄膜，需要以相对较低的温度和较小的速度进行沉积，同时可以对基体适当加热，使刚沉积的金属原子在形成薄膜之前有一定的横向扩散，从而提高薄膜的厚度均匀性。蒸发沉积对台阶的覆盖很差，不能进行多材料合金的沉积。

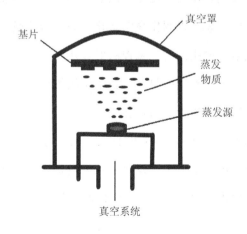

图 4.2　真空蒸发沉积原理图

为了获得更好的台阶覆盖、间隙填充和沉积速率，MEMS 加工工艺中已采用溅射工艺取代蒸发工艺。物理溅射沉积是以具有一定能量的粒子（通常为带正电的气体离子）轰击靶材，使靶材表面的原子或分子在获得足够能量之后从靶材表面逸出，并沉积在基体上的工艺。同样，溅射也必须在真空环境中进行。溅射所用粒子一般为惰性气体粒子，常用的是氩（Ar）离子。当粒子能量较低时（低于 5eV），仅对电极靶材最外层的表面产生作用，使原来吸附的杂质脱离，实现靶材的清洗；当粒子能量升高到靶材的升华热时，靶材表面的原子会发生迁移，靶材表面出现损伤；而当粒子能量进一步升高到靶材升华热的 4 倍左右时，靶材原子被推出原始晶格位置，变为气相并逸出。

与蒸发工艺相比，溅射工艺存在以下优势[98]：①溅射产生的靶材原子、分子具有更大的运动能量，形成的薄膜也就具有更大的附着力，并可以在沉积的同时对基片起到加热和清洗的作用。此外，能量较大的沉积原子还具有较大的表面迁移率，可以进一步改善薄膜的台阶效应。②可用于多材料合金沉积。由于溅射过程中，靶材不需要高温加热，就避免了沉积过程中的相变、合金的分馏以及化合物成分变化等问题，因此在制作复合材料和合金薄膜时具有更好的性能。③可以制作高温熔化金属和极难熔金属薄膜。常用的溅射方法有直流溅射、射频溅射、磁控溅射等几种。

直流溅射只能用于溅射导电材料。整个系统置于真空室中，真空室中充有惰性气体。被溅射材料称为靶材，作为阴极；硅片（或其他衬底）作为阳极。阴极与阳极间加有 500~5000V 的直流高压。电子在电场作用下被加速，与氩分子碰撞电离，产生氩离子，氩离子被电场加速向阴极运动。当氩离子打在靶材上时，溅射出一些靶原子，部分原子落在阳极衬底上，凝结形成薄膜。

绝缘材料常采用射频溅射的方法。系统在阳极衬底和阴极之间加有射频电压，这样正半周在靶上积累起来的正电荷将被负半周的电子轰击所中和，有效地解决了绝缘靶溅射过程中阴极的电荷积累问题。另外，射频溅射可以在更低的压强（如 0.133Pa）下进行，造成的污染较小。

为了能提高溅射速率，在溅射设备中增加了磁控芯片，形成了磁控溅射方法。利用电场和磁场正交的磁控原理使电子的运动轨迹加长，并以螺旋运动的方式汇集到靶材，增加了电子与惰性气体的碰撞次数，电离率升高，可以达到无磁控系统的 5～600 倍，有效提升了溅射速率。此外，衬底上二次电子轰击减小，改善了薄膜的均匀性。

基于以上优点，本书利用磁控溅射技术来制作微加热芯片的金属薄膜。溅射的基本原理如图 4.3 所示[99]。首先氩气在高真空腔内被电离产生正氩离子（Ar+），并在电场作用下向靶材所处的阴极加速；加速过程中离子获得了足够的能量轰击靶材；通过物理过程从靶材上撞击出（溅射）原子，溅射的原子随后在硅基体上凝聚成膜；溅射腔内额外的气体被真空泵抽走。与靶

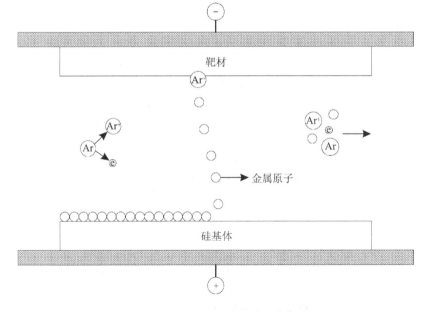

图 4.3　金属溅射原理图

材相比，沉积的金属薄膜具有与之基本相同的材料组分。溅射所用的靶材应具有均匀的组分和适宜的颗粒尺寸与晶体取向，以保证薄膜沉积过程具有均匀稳定的速率。

4.1.3 微加热芯片的工艺流程

加工所用的硅片为（100）晶向的单面抛光 n 型单晶硅片，直径为 100mm（4 英寸），厚度为 $400\mu m$。微加热芯片工艺流程示意图如图 4.4 所示。

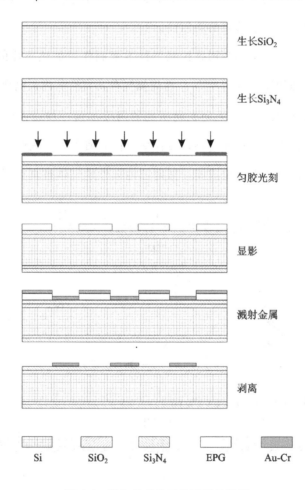

图 4.4 微加热芯片工艺流程示意图

主要工艺流程如下。

1. 硅片热氧化

热氧化是生长 SiO_2 层最简单、方便的方式，其化学反应原理如下[100]：

$$Si + O_2 \longrightarrow SiO_2 \tag{4.4}$$

或者

$$Si + 2H_2O \longrightarrow SiO_2 + 2H_2 \tag{4.5}$$

干氧氧化的优点是结构致密、均匀性和重复性好，但是氧化温度高、生长速度慢。湿氧氧化温度低、速度快，但是薄膜质量差。因此本书采用干氧氧化方法。

硅片在经过标准 RCA 清洗之后，投入温度为 1100℃的高温氧化炉中，如图 4.5 所示，进行高温氧化，生长一层（3000Å）二氧化硅薄膜。具体步骤为：首先将硅片送至炉管口，通入 N_2 及少量 O_2；随后将硅片推至恒温区，

图 4.5　氧化炉

进行升温；接着通入大量 O_2，氧化反应开始；然后加入一定比例的含氯气体；一定时间以后通入 O_2，以消耗残余的含氯气体；接着改通 N_2，做退火处理；然后将硅片拉至炉口，进行降温；最后将硅片拉出炉管。

2. 沉积 Si_3N_4 薄膜

利用低压化学气相沉积（LPCVD）工艺在真空反应腔中于 SiO_2 薄膜上制备一层 Si_3N_4（1100Å）薄膜，作为微加热芯片的电绝缘介质层。低压化学气相沉积系统如图 4.6 所示，具体工艺步骤：首先装片，将硅片竖直放在石英舟内并与气流方向垂直；随后对反应室抽真空，将反应室的气压降低到 7.5Pa 以下；随后对反应室充 N_2 吹扫，并进行升温至 $700\sim850℃$；然后再次对反应室抽真空；接着保持压力稳定，充入工艺气体并控制气体流量，开始淀积；淀积完成之后关闭所有工艺气体，重新抽真空；随后对反应室回充 N_2 至常压；最后取出硅片。

图 4.6 低压化学气相沉积系统

3. 旋涂光刻胶

首先将硅片放置在匀胶机的吸盘上，如图 4.7 所示。随后用滴管把 epg-

533 光刻胶均匀滴在硅片表面，接着打开匀胶机开关让硅片以 500r·min^{-1} 的速度旋转 10s，然后再让硅片以 1000r·min^{-1} 的速度旋转 30s，最后关闭匀胶机，平稳取出硅片。

图 4.7　台式匀胶机

4. 前烘烤

将已经旋涂光刻胶的硅片放置到加热台上，如图 4.8 所示，设定加热温度为 90℃，加热时间为 5min，对硅片进行烘烤。

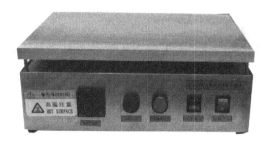

图 4.8　恒温加热台

5. 紫外曝光

首先将烘烤过的硅片放置到光刻台上，如图 4.9 所示，随后将掩模版盖在硅片上方，并调整硅片高度，确保硅片与掩模版接触，无空气缝隙，然后设定曝光时间为 15s，打开开关进行紫外曝光，最后移走掩模版取出硅片。

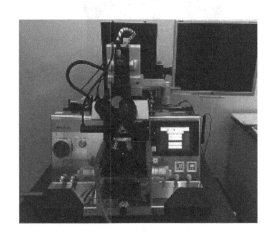

图 4.9　光刻机

6. 后烘烤

将完成曝光的硅片放置到加热台上，设定加热温度为 110℃，加热时间为 30s，对硅片进行烘烤。

7. 显影

首先配制质量分数为千分之五的 NaOH 溶液作为显影液，待烘烤过的硅片冷却后，将其浸入显影液中显影 40～45s，然后用超纯水冲洗硅片，并用氮气吹干。

8. 烘干

将显影后的硅片放置到加热台上，设定加热温度为 110℃，加热时间为 5min，将硅片加热烘干。

9. 溅射金薄膜

利用金属溅射工艺在光刻后的硅片上沉积 Au/Cr（2000Å/200Å）金属层。具体工艺步骤：首先将烘干后的硅片放置到溅射机的托盘上，并将靶材安装好，确定硅片和靶的位置，如图 4.10 所示；随后启动机械泵，对分子泵管道内抽真空至规定值，启动分子泵，对真空腔抽真空，同时预热离子清洗；接着打开加热控温电源进行升温；然后通氩气，打开气路阀，启动开始清洗，先进行靶清洗 5min，再用双极脉冲电源或射频电源进行硅片清洗，清洗 15min；接着打开靶挡板和硅片挡板开始镀膜，先设定溅射时间为 2min，溅射铬薄膜作为过渡层，再设定溅射时间为 20min，溅射金薄膜，得到 Au/Cr（2000Å/200Å）金属层；镀膜完毕后，关闭电源和氩气总阀门，继续抽腔室，等待降温；最后降温至 80℃以下，关主阀和分子泵，开放气阀慢慢放气使腔室达到外界大气压，取出硅片。

图 4.10 　磁控溅射镀膜机

10. 剥离

将硅片浸入盛有丙酮试剂的培养皿中，然后将培养皿放入超声清洗机中，如图 4.11 所示，待金薄膜完全剥离后，取出硅片，用超纯水将硅片冲洗干净，然后用氮气吹干。

图 4.11　超声清洗机

完成剥离的微加热芯片如图 4.12 所示。

图 4.12　微加热芯片实物图

11. 划片

用划片机沿预先设定的划片槽对硅晶圆进行划片，形成单个微加热芯片，如图 4.13 所示。具体工艺步骤：首先把钢圈粘贴在胶膜上，再将剥离金属膜的硅片粘贴在胶膜上，使硅片位于钢圈中心位置；随后将硅片放置到划片机的吸盘上，使金属层朝上，并打开真空泵将硅片吸附在吸盘上；接着旋转吸盘，通过屏幕观察使划片槽与屏幕上的基准线对准；然后设定划片的工艺参数，包括砂轮转速、进给速度、划片间隔等，开始划片；划片结束后关闭真空泵，把硅片从吸盘上取下，并用镊子将胶膜上的单个微加热芯片取下来放到培养皿中。

图 4.13　划片机

温度传感器的工艺流程与微加热芯片的工艺流程相同，区别在于溅射的金属薄膜为金属铂，完成加工的温度传感器如图 4.14 所示。

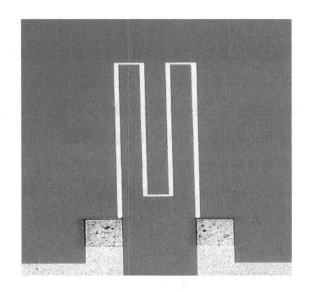

图 4.14　温度传感器实物图

4.2　微通道芯片的关键技术和工艺流程

4.2.1　PDMS 模塑成型技术

PDMS 以其加工工艺简单、化学性质稳定、成本低、可一次性使用等优点成为制作微流控芯片的主要材料。PDMS 微流道的制作技术[101] 主要有热压法、LIGA 法、激光烧蚀法和模塑法等。模塑法是将聚合物的预聚物直接浇注在带有微结构的模具上，固化成型后得到带有微结构的聚合物芯片。该方法不需要昂贵的操作设备，易于批量生产，成为制作低成本 PDMS 微流控芯片最常用、最简单的方法。

模具的许多性质都会对 PDMS 微流控芯片的性质产生影响，比如，模具表面的粗糙度会影响 PDMS 基片表面的粗糙度。研究结果表明，模具表面越粗糙，PDMS 基片的表面也就越粗糙[102]。PDMS 基片的表面不平整，一方面会影响它与盖片的封接，导致封接的芯片更容易渗漏。另一方面，在微流控芯片中，微流道内表面的粗糙度对气泡的产生有重要影响[103]，PDMS 微流道的内表面粗糙，将会导致使用过程中更容易产生气泡。因此，模塑法的关键在于模具材料的选择以及模具的制造。

初期有研究者在平板上布金属线做模具来制作 PDMS 微流控芯片[104]，如图 4.15 所示，该方法简单方便，但是芯片的结构和微流道交叉处的形状受到限制。采用 ICP 刻蚀工艺加工硅模具[105]，如图 4.16 所示，可以制作平整度高的芯片，但是该方法对仪器设备的要求较高，加工费用较大，并且由于侧向钻蚀容易形成"倒钩"，不易脱模。相对于 ICP 刻蚀工艺，采用湿法腐蚀工艺加工硅模具[106]，如图 4.17 所示，设备要求低，但是湿法腐蚀工艺过程繁琐耗时，加工误差较大，PDMS 芯片底面不平整。采用湿法刻蚀技术加工玻璃凹模[107]，将 PMMA 或 PDMS 预聚体浇注在上面，制作出具有良好微结构特征的 PMMA 或 PDMS 凸模，利用该模具可以多次重复制作 PDMS 芯片，但是玻璃刻蚀加工困难，并且由于各向同性腐蚀导致难以获得较高的深宽比。SU-8 负性环氧胶具有良好的微加工特性，目前已广泛应用于微机械结构的制作。采用光刻技术加工 SU-8 胶模具[108]，如图 4.18 所示，可以达到较高的深宽比，结构侧壁与基体表面垂直，且 SU-8 光刻法设备要求最低，与 PDMS 之间的黏附力小，易于脱模，因此，成为加工 PDMS 微

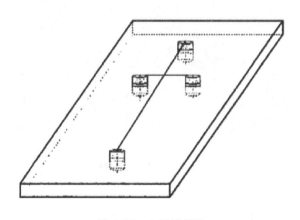

图 4.15　金属线模具

流道芯片模具的常用方法。本书采用 SU-8 光刻法加工模具制作 PDMS 微流道芯片。

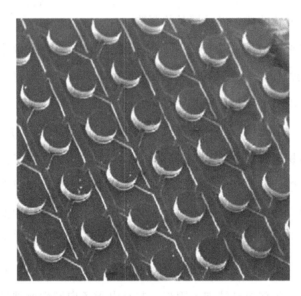

图 4.16   ICP 刻蚀硅模具

图 4.17   湿法刻蚀硅模具

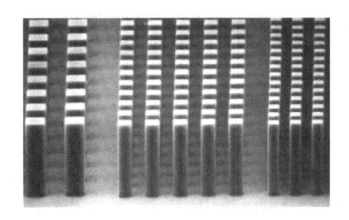

图 4.18　SU-8 胶模具

此外，在 PDMS 固化的过程中，固化温度对胶接的物理、机械性能和固化时间有很大影响。固化过程是高聚物由线型分子交联成网状或体型结构大分子的过程，该交联反应和温度密切相关。PDMS 能够在较低的温度下交联固化，但是增加固化温度可以加速交联反应过程，使得固化更充分。而且，在较高温度下，分子会变得更活跃，有利于分子扩散，为形成强有力的化学键创造了条件。在固化过程中，当温度升到所需的固化温度后，还需要保持一段时间，这段时间称为 PDMS 固化时间。固化时间的长短取决于胶黏剂的固化速度，固化速度越快，固化时间越短。通常，在一定范围内，提高固化温度可以缩短反应时间，而降低固化温度则需要延长固化时间。

对于 PDMS，固化温度一般取为 $25\sim150\,^{\circ}\mathrm{C}$，随着温度的升高，固化时间缩短，具体固化条件如表 4.1 所示。

在固化过程中，升温速度应当控制在一个合适的范围内。如果升温速度过快，固化反应进行较快，固化过程中产生的挥发性小分子物质还未从胶层中扩散出去，表层就已经固化，使得挥发性产物包含在胶黏剂中，形成蜂窝状结构。

表 4.1　PDMS 固化温度与固化时间

固化温度/℃	150	120	100	65	25
固化时间/h	0.25	0.5	1	4	24

4.2.2　SU-8 胶光刻技术

SU-8 胶的材料特性、热处理、曝光时间和显影时间直接影响到 SU-8 模具结构与基底硅片的黏附性和裂纹的形成[108,109]，适当合理的工艺参数是保证模具质量的最主要因素，否则将会导致模具在脱模过程中破碎以及 SU-8 与硅片脱离的现象，降低模具的有效使用次数[110]。

热膨胀系数是影响 SU-8 胶和硅片黏附性的内在因素。SU-8 的热膨胀系数（50 ± 5.2ppm·℃$^{-1}$）与硅片的热膨胀系数（3ppm·℃$^{-1}$）相差较大。在变化相同的温度时，SU-8 的形变量比硅大。当相对形变量达到一定程度时，SU-8 就会发生开裂。因此，在前烘、后烘、硬烘过程中应当递进式缓慢升降温，升降温的速率 0.5℃·min^{-1}。

硅片的干燥度也对黏附性存在影响。硅片经氮气吹干后，表面仍有残留的水分子，会造成 SU-8 在硅片上预涂时分布不均匀。而且在随后的热处理或曝光过程中，有水分子残留区域的 SU-8 层由于受热不均，与硅片的黏附力也会分布不均衡，在显影过程中易脱落。因此，在涂胶之前，将硅片在 200℃的热板上烘焙 1h 以上，保证硅片具有较好的干燥度。

曝光是 SU-8 光刻工艺中最重要的一步，对 SU-8 与硅片的黏附性起着关键作用，因而曝光剂量的确定至关重要。光刻时曝光剂量不足，SU-8 中的光敏剂光化学反应不充分，生成的酸催化剂不够，在曝光后烘阶段无法充分聚合交联，进而导致 SU-8 与硅片表面的黏合不好，有时结构会在显影的时候脱落；曝光过量，则会导致最后显影出的结构出现互连。

硬烘在工艺流程中起着很重要的作用，可以使 SU-8 模具跟硅片更好地黏合，保证模具在重复使用中不易发生形变。

在 SU-8 胶光刻工艺中，还需要避免和消除裂纹现象。SU-8 模具出现裂纹，会导致 PDMS 微流道堵塞，降低芯片成品率。裂纹的实质是 SU-8 光刻胶在升降温过程中产生的应力没有得到有效控制和释放；或者是软烘及曝光后烘未释放出来的热能，在显影过程释放出来，导致出现裂纹。

对于 SU-8 胶出现的裂纹现象，曝光剂量同样是最重要的影响因素，足够的曝光剂量会有效减少裂纹的出现。

较高的前烘温度可以增加交联度，减少曝光区域的开裂现象。但不宜超过 95℃，因为前烘温度太高会减弱光敏剂的感光性，反而影响其光化学反应，使生成的酸催化剂的量减少，交联度降低。

后烘温度应控制在 70~90℃，随着温度的升高，模具的开裂程度会逐渐减弱，80℃以上的后烘温度可以达到较好的效果。后烘时间则应根据光刻胶的厚度及曝光时间来控制，光刻胶比较厚，而曝光时间较短时，应延长后烘的时间，这样可以使交联变得充分，开裂也会越少。

硬烘在工艺流程中起着重要的作用，可以减弱裂纹现象。这是因为曝光后烘之后，SU-8 的玻璃态温度由 55℃ 上升到 200℃，此时在热板上烘烤，光刻胶再度流动可以产生热聚合作用，修补表面的微裂状况，同时使残留的显影液和溶剂得到进一步的挥发。

4.2.3　玻璃-PDMS 键合技术

玻璃-PDMS 微流道芯片的键合可以分为可逆键合和不可逆键合两种[110]。玻璃-PDMS 微流道芯片的可逆键合，通常是将玻璃和 PDMS 进行清洗并用高纯度氮气吹干，然后将玻璃和 PDMS 直接贴合在一起，由于高分子聚合物（PDMS）表面具有较强的吸附力，玻璃和 PDMS 通过分子间的范德华力自然黏合，完成键合过程。该键合方法制作的玻璃-PDMS 微流道芯片易拆洗，可以重复使用。但是这种键合方法的键合强度较低，有研究表明其键合强度一般不超过 0.03MPa[111]，芯片在使用的过程中容易发生渗漏。

通过紫外光照射 PDMS 表面，改善 PDMS 表面的润湿性和黏结性，可以实现玻璃和 PDMS 的不可逆键合，制作出永久性黏合的微流道芯片。紫外光改性键合需要对玻璃和 PDMS 两种材料都进行前处理。首先，将玻璃置于浓硫酸中浸泡 24h 以上，取出后用超纯水清洗并用高纯度氮气吹干。然后，将带有微流道的 PDMS 清洗吹干，置于汞灯下照射，并控制 PDMS 与汞灯距离和照射时间。最后，迅速将改性处理过的 PDMS 与玻璃进行贴合，在 90℃环境中放置 5h 以上，完成键合[107,112]。紫外光改性键合的反应机理如图 4.19 所示，玻璃和 PDMS 经过前处理，表面形成了大量的硅羟基，在贴合放置的过程中，表面的硅羟基发生脱水，形成 Si—O—Si 键，实现了玻璃-PDMS 的永久性键合。

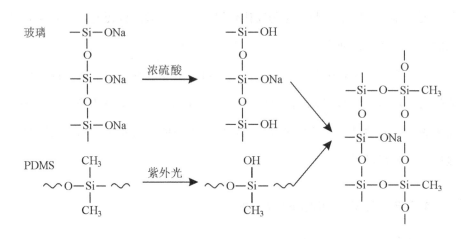

图 4.19 紫外光改性键合反应机理

近年来，利用氧等离子体处理 PDMS 来制作永久性黏合的微流道芯片的报道很多[112~114]。氧等离子体键合的原理与紫外光改性键合的原理基本相似。首先，将玻璃置于浓硫酸中浸泡 24h 以上，取出后清洗吹干。然后，将带有微流道的 PDMS 清洗吹干，和玻璃一起置于氧等离子体发生器中，进行氧等离子体处理改性。最后，迅速将改性处理过的 PDMS 与玻璃进行贴合，完成键合。

PDMS 经氧等离子体处理后，表面的—CH$_3$ 基团被亲水性质的—OH 基团代替，表现出极强的亲水性质[115]。同样，经浓硫酸浸泡过的玻璃，表面含有大量 Si—O 键，在氧等离子体处理的过程中，Si—O 键被打断，形成大量的 Si＋悬挂键，通过吸收空气中—OH，形成了 Si—OH 键。PDMS 与玻璃贴合放置后，两种材料表面的 Si—OH 之间发生如下反应：

$$2Si—OH \longrightarrow Si—O—Si + H_2O \qquad (4.6)$$

在玻璃与 PDMS 之间形成了牢固的 Si—O 键结合，从而完成了二者间的不可逆键合。与紫外光改性键合相比，氧等离子体键合过程中，PDMS 的处理时间与贴合放置时间较短，因而，整个键合过程耗时更短。

在氧等离子体键合技术中，玻璃和 PDMS 经过表面处理后，应在 1～10min 完成贴合，否则 PDMS 表面产生的—OH 很快就会发生自身缩合，或与 PDMS 单体发生反应而消失，恢复疏水性，无法完成共价键结合，从而导致键合失败[116]。

研究表明，PDMS 表面 Si—OH 的稳定性是影响键合强度的主要因素。等离子体射频电源功率、处理时间、氧气流量都会对玻璃-PDMS 键合强度产生影响。射频功率大小必须适宜；处理时间过长或过短都不利于键合；当氧气流量减小时，键合面积显著降低[117]。

4.2.4　微通道芯片的工艺流程

玻璃-PDMS 微通道芯片工艺流程示意图如图 4.20 所示，主要工艺流程如下：

1. 硅片清洗

将硅片放入 Piranha 溶液（98％浓硫酸：30％双氧水＝7：3）中煮沸清

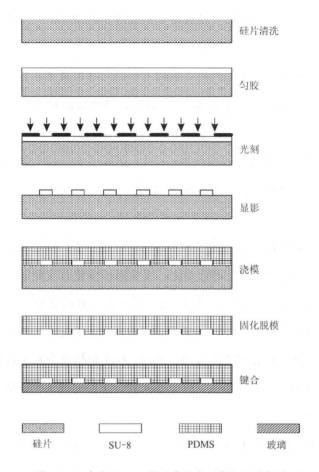

硅片清洗

匀胶

光刻

显影

浇模

固化脱模

键合

| 硅片 | SU-8 | PDMS | 玻璃 |

图 4.20 玻璃-PDMS 微通道芯片工艺流程示意图

洗 15min，用去离子水冲洗 5 遍后用氮气吹干，并在 200℃的热板上烘焙 30min。

2. 匀胶

将适量的 SU-8 胶倒在硅片中央，用手握住硅片边缘使之倾斜并缓慢旋转，使 SU-8 胶覆盖住硅片大部分区域。静置 30min，使 SU-8 初步均匀，同时消除倾倒过程中可能产生的气泡。然后用匀胶机进行两次递进式匀胶：500r·min⁻¹ 匀胶 15s，2500r·min⁻¹ 匀胶 30s，并静置 30min 缓解边缘突起效应。

3. 前烘

前烘的目的是使 SU-8 光刻胶中的溶剂挥发，工艺控制的关键是使溶剂挥发以可控的速率进行。在热板上以 5℃·min⁻¹ 的速率由室温逐步升到 95℃，其间在 65℃ 和 95℃ 分别保持 3min 和 6min。然后以 0.5℃·min⁻¹ 的速率缓慢冷却至室温。

4. 曝光

将烘烤过的硅片放置到光刻台上，然后将掩模版盖在硅片上方，调整硅片高度，确保硅片与掩模版接触，无空气缝隙，设定曝光时间为 180s，进行曝光。加工过程中使用的是波长为 365nm 的紫外光通道，因为 SU-8 胶在 365nm 的紫外光波段吸收少，可以获得很好的曝光一致。由于曝光功率密度是一个定值，加工过程中通过控制曝光时间来控制曝光剂量。

5. 曝光后烘

在热板上以 5℃·min⁻¹ 的速率由室温逐步升到 95℃，其间在 65℃ 和 95℃ 分别保持 1min 和 5min。然后以 0.5℃·min⁻¹ 的速率缓慢冷却至室温。

6. 显影

在通风橱中进行，显影液的主要成分是 PGMEA。在 SU-8 模具与显影液分别静置达到室温后，将模具放入显影液中显影 6min。然后分别用异丙醇和去离子水清洗干净，并用氮气吹干。

7. 硬烘

将显影后的硅片放置在热板上，缓慢加热到 200℃，保持 30min，然后缓慢降温至室温。

8. 配制 PDMS

将 PDMS 预聚物与固化剂按照 10∶1 的重量比混合在一起，用玻璃棒搅拌均匀，然后放到真空箱中抽真空 5min，如图 4.21 所示，去除其中的气泡。

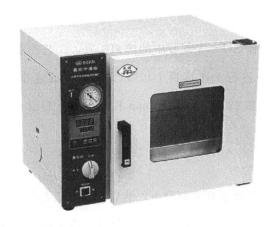

图 4.21　真空干燥箱

9. 浇注

抽完真空后将未固化的 PDMS 浇注到带有 SU-8 微结构的硅片。

10. 固化

将浇注有 PDMS 的硅片放到恒温箱中，设定温度为 80℃，加热 2h，然后将其取出。按设计的尺寸裁剪，并用 PDMS 专用打孔器在设计位置打孔。

11. 键合

将 PDMS 清洗干净并用氮气吹干，和预先在浓硫酸中浸泡过的玻璃一起放到氧等离子体清洗机中，如图 4.22 所示，工艺参数为：射频功率300W，氧气流量 50sccm，处理时间 1min，然后取出玻璃和 PDMS 并迅速贴合在一起，放到恒温箱中，80℃加热 1h，即完成键合。

图 4.22　氧等离子体清洗机

完成加工的玻璃-PDMS 微通道芯片如图 4.23 所示。

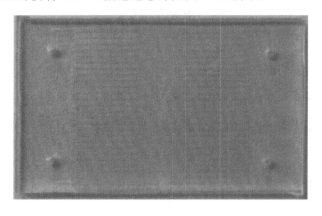

图 4.23　玻璃-PDMS 芯片实物图

4.3　热梯度器件的构建

4.3.1　散热器的选择

本章设计的热梯度器件，需要在低温端安装翅片散热器才能实现 50～70

℃的低温温度。翅片散热器通过散发热量来降低低温端的温度，满足热梯度器件对低温温度范围的要求。通过第 3 章的仿真分析可知，热梯度器件达到最低低温温度所需的最小散热热流量为 0.315W。如果散热器的散热量小于 0.315W，则不能有效降低低温端的温度，达不到设计要求；相反，如果散热器的散热量大于 0.315W，虽然低温端的温度能够达到设计要求，但是会增大系统的功耗，显然这一增加是不必要的。因此，需要选择合适的散热器，其散热量与仿真分析的散热热流量相一致，将低温端的温度降到设计要求的范围内，同时不额外增加系统的功耗。

散热器的散热既有对流换热，又有辐射换热。这种对流换热与辐射换热同时存在的换热过程称为复合换热。

对流换热的基本计算式是牛顿冷却公式：

$$\Phi = hA \Delta t \tag{4.7}$$

式中：h——对流换热系数；

A——换热面积；

Δt——流体与壁面的温差。

辐射热流量的计算可以采用斯忒藩—玻尔兹曼定律的经验修正公式，即

$$\Phi = \varepsilon A \sigma T^4 \tag{4.8}$$

式中：ε——物体的发射率，其值总小于 1；

A——辐射表面积；

σ——斯忒藩—玻尔兹曼常量，即黑体辐射常量，其值为 5.67×10^{-8} W·$\text{m}^{-2} \cdot \text{K}^{-4}$）；

T——黑体表面的热力学温度。

对于复合换热，工程上为了计算方便，常常采用把辐射换热量折合成对流换热量的处理方法，于是复合换热的总换热量可以方便地表示成式（4.7）。

翅片散热器的数值和实验研究表面[118,119]，一般翅片散热器的平均对流换热系数为 $7\sim8W\cdot m^{-2}\cdot K^{-1}$）。

散热器的散热面积为散热器外表面积与翅片面积之和，精确计算时，翅片面积要乘以小于 1 的系数，即翅片效率，翅片效率一般为 $0.8\sim0.9$。散热器的散热面积 A 计算公式：

$$A = A_p + A_{fin}\eta_{fin} \tag{4.9}$$

式中：A_p——散热器外表面积；

A_{fin}——翅片面积；

η_{fin}——翅片效率。

根据本章数值仿真的结果，在 $0.315W$ 的散热热流量的情况下，选择的翅片散热器规格为：总体长度 25mm，肋片高 5mm，肋片间距 2.5mm。

4.3.2 微加热芯片的封装

当 MEMS 器件已经加工完成后，需要对其进行封装，以确保其能稳定、安全地使用。MEMS 器件封装技术是 MEMS 产业中的一个重要研究领域。对于大部分 MEMS 器件，它们对封装的要求有如下几个方面[120]。

（1）能够对芯片结构起到保护作用，使芯片在封装完成后不会因为外界条件的改变而影响其正常工作，也不会受到外界因素的影响而损坏。

（2）封装完成后从芯片向外引出的接线必须与外部系统能够可靠地电连接，芯片上的电气连接部分与大地或环境应是绝缘。

（3）封装方案应该考虑到芯片的散热，能将芯片在工作中产生的热及时传递出去，从而保证芯片的正常工作。

（4）在封装过程中所用的温湿度、压力必须是器件所能承受的。

（5）方便制作，价格低廉，封装形式能够与目前使用的标准制造工艺兼容。

以上 5 点为 MEMS 器件封装的基本要求，除此之外，还希望封装能够为后续的测试和应用工作提供标准的引脚节距，封装材料与外部连接系统材料的热膨胀系数能够匹配等。

近十几年来，MEMS 封装经历了巨大的发展，其工艺相对最初已经成熟了很多，出现了不少完善、系统的封装形式。MEMS 封装形式大体上可以分为晶片级封装、芯片级封装、多芯片模块和微系统封装三个级别[120,121]，其中芯片级封装又可分为倒装芯片封装与微球栅阵列（μBGA）。倒装芯片封装是指芯片与衬底采用电气连接，然后直接把裸片和衬底封装在一起的封装技术[122]；球栅阵列封装是指以球状焊盘作为连接点然后进行表面封装的芯片封装技术[123]。

目前在微电子封装中，最流行、最多被采用的 MEMS 封装方案是倒装芯片封装、球栅阵列封装和多芯片模块封装这三种类型。

倒装焊接技术又称倒装芯片技术，是一种不使用引线，将芯片和底板上需要电连接的地方对准之后，采用熔焊法、热压焊、导电胶粘接法等进行电连接的一种 MEMS 封装技术[124,125]。如图 4.24 所示，所谓的倒装焊接技术，就是在芯片的工作面（有源面）的铝压焊块制作出凸点电极，然后将芯片倒扣朝下，与基板布线层直接连接的技术，它能够实现芯片尺寸封装（CSP）。

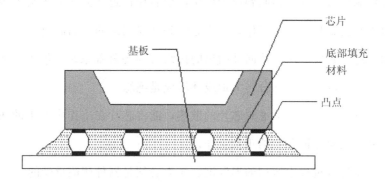

图 4.24　倒装焊接示意图

倒装焊接封装技术的基本原理是用凸点来代替传统的键合线，其主要的工艺步骤包括[126]：底部金属层（under bump metallurgy，UBM）沉积[127]、凸点制作[128]（bumping）、互连（interconnection）、底部填充（under filling）工艺和固化（curing）等。

主要封装步骤如下：

（1）在氧化铝陶瓷基板上蒸发金属薄膜，所用金属为 Cr、Cu、Au。

（2）蒸发一层焊料，所用焊料为 95％ Pb～5％ Sn，完成芯片凸点的制作。

（3）用芯片分选器将单个芯片取出，将其放置于小型华夫盘中。

（4）用丝网印刷机给基板印刷焊膏。

（5）采用贴片机将 PCR 芯片贴在基板上。

（6）把基板放入再流炉中进行焊接。

（7）采用填入纳米二氧化硅的非流动下填充材料进行底部填充工艺，点胶，在 150℃的温度下进行 3h 小时的固化。

以上 7 个步骤完成后，芯片的倒装焊接封装工艺便全部完成。

在 MEMS 芯片的倒装封装过程中，关键工艺为芯片上的凸点制作工艺、芯片倒装焊接工艺以及填充材料的填充工艺。对于不同的 MEMS 器件，它们的结构特点、性能要求相差也比较大，因此在采用倒装芯片封装方案时也会用到不同的具体工艺[129]。

与传统的芯片面朝上的导线键合技术相比，倒装焊接封装技术具有以下优点：尺寸较小；由于 I/O 数量的增加使其功能增强；精准度得到了提高；芯片的无密封方案使得散热性能良好；环氧填充也使得芯片工作的可靠性提高。

采用倒装焊接工艺对芯片进行封装具有精度高、性能好、散热效果好的优点，但是进行倒装焊接工艺时需要使用的专用设备成本较高、设备操作复杂，针对每一种转接板需要制作专门的丝网。基于上述现实原因，如果实验室采用倒装焊接工艺难度较高，投入的成本也较大。因此本书设计了另一种操作更简单、成本更低而且易于普遍推广的封装方案，即通过引线键合实现芯片与专门制作的 PCB 转接板连接，然后通过 PCB 板与外部测试电路和供电装置连接，从而完成芯片的封装，如图 4.25 所示。

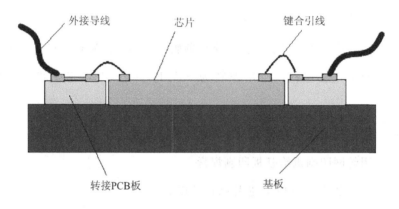

图 4.25　转接板封装原理图

引线键合是指使用细金属线，通过热、超声波能量和压力为微芯片提供电气互联的技术，是目前 MEMS 封装最常用的连线技术。引线键合过程中，金属材料（金属引线和芯片焊盘表面）紧密键合，并发生电子共享或原子相互扩散。在键合中引入热量，可以增强金属原子之间的扩散，提高键合强度。如使用超声波能量，则可以进一步增强焊接键合的效果。根据焊接方式的不同，引线技术主要分为三种：热压焊、超声波焊和热声焊。本书为了保证引线键合质量，采用了热声焊技术，引线焊丝采用金丝。金丝是目前微电子和 MEMS 器件引线键合的主要材料。在金丝生产中，纯金被拉伸，以产生适当的断裂强度和延展。同时，为了增强金丝强度，常加入质量分数为 $5 \times 10^{-6} \sim 10 \times 10^{-6}$ 的铍或 $30 \times 10^{-6} \sim 100 \times 10^{-6}$ 的铜，使引线具有可使用性。本文采用直径为 $25\mu m$ 的金丝，以热声楔形焊的方式进行引线。引线时，首先将金丝与微加热芯片焊盘键合，之后将另一端键合到 PCB 板的镀金焊盘上。

为了将芯片上的电路与外接引线相连，以便给芯片供电及将温度传感器检测到的电压变化传输出去，需要用转接电路中转。考虑到转接板要与芯片、封装外壳、外接延伸导线的结构、尺寸相适应等因素，故所设计电路板的尺寸为：正方形电路板，$5\text{mm} \times 5\text{mm}$。本文设计的转接板上引线与引线、引线与焊盘及焊盘与焊盘之间的距离至少为 8mil（1mil 为千分之一英尺，等于 0.0254mm），引线宽度为 10mil。将芯片上的焊盘用金丝与电路板的方形焊盘实现互联。

使用引线键合进行 PCB 板连接工艺时，主要的工艺流程如下：

（1）用 HF 溶液清洗芯片，并将芯片吹干。

（2）为了提高温度均匀性和温度稳定性，采用热导率为 $1.59\text{W} \cdot \text{m}^{-1} \cdot \text{K}^{-1}$ 的导热硅胶把微加热芯片和 PCB 转接板粘贴在厚度为 2mm 的高导热金属铝块（热导率为 $230\text{W} \cdot \text{m}^{-1} \cdot \text{K}^{-1}$）上。粘贴过程中应该保证芯片上的焊盘与 PCB 转接板的焊盘相对应，以方便后续的金丝引线键合。

（3）使用引线键合机在芯片的焊盘上压上金丝（或粗细为 $20\mu\text{m}$ 的铝线），如图 4.26 所示，芯片的焊盘上压好金丝后，将金丝的另一端压焊在转接 PCB 板上。压金丝的时候注意调整电流、功率的大小，以及控制金丝打压的时间。

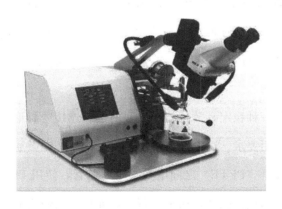

图 4.26　引线键合机

（4）给压好金丝的焊盘处点上少量的胶，放入高低温箱内，将高低温箱的温度调至60℃后烘烤20min，其目的是保证金丝与焊盘之间可靠的电气连接，防止在后续过程中金丝在焊盘上发生移位。

（5）将耐高温的外接导线焊接到 PCB 转接板的圆形焊盘上，作为测试时与后续热循环控制电路板的连接。

采用 PCB 板对芯片进行连接封装，虽然工艺相对比较简单，但是由于金丝比较细，很容易遭到损坏，因此在操作时也需要非常小心，以下为操作过程中的注意事项。

（1）使用 AB 胶之前，在匀胶时要迅速，以免过早地凝固。

（2）微加热芯片与 PCB 转接板粘贴的过程中，在放置转接板时，应注意芯片的焊盘与转接板上焊盘的对应，防止发生错位。同样，应保证最终芯片的上表面与 PCB 板平行，即它们之间的间隙应该均匀、相同。

（3）在压金丝的过程时，应注意调节金丝下面的平台高度，以确保压力适中，使金丝的打压效果达到最优。

4.3.3　接口连接密封

热梯度器件的使用过程中，需要通过外部进样设备，如精密注射泵，将液体注入器件的微通道内，并驱动液体在微通道内连续地流动。因此，需要设计稳定可靠的接口方式来实现微通道芯片与外部进样设备的连接。

本书采用了一种稳定有效且简易方便的接口连接密封形式，以满足热梯度器件的实际使用要求。这种接口连接密封结构，是在微通道芯片进样孔与聚四氟乙烯毛细管（PFTE）之间增加一个硅胶管，使用 PDMS 将硅胶管粘接在微流道芯片的进样孔处，用来进行过渡连接。在使用的过程中，直接将聚四氟乙烯毛细管插入硅胶管中，由于硅胶管具有弹性，而聚四氟乙烯毛细管的外径（1mm）大于硅胶管的内径（0.9mm），二者形成过盈配合，实现了密封连接。

接口连接密封示意图如图 4.27 所示。首先，分别裁剪一段硅胶管（长度大约为8mm）和聚四氟乙烯毛细管（长度大约为 20mm），将聚四氟乙烯毛细管穿入硅胶管并插入微通道芯片的进样孔中，然后用注射器针头将未固化的 PDMS 涂覆在硅胶管与微流道芯片接触的地方，放置到干燥箱中，在 65℃ 的温度下固化 4h，从而使硅胶管与微通道芯片表面粘接牢固。待 PDMS 完全固化后，将聚四氟乙烯毛细管从硅胶管中拔出。

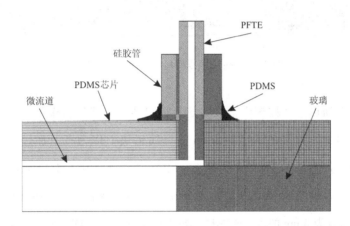

图 4.27　接口连接密封示意图

4.3.4　系统构建

按设计尺寸裁剪铝薄膜，把导热胶均匀地涂覆在铝薄膜上，然后将铝薄膜贴在微通道芯片的玻璃基体表面，再用载玻片将铝薄膜盖住，并用夹子把载玻片和微通道芯片夹起来放到干燥箱中，在 60℃ 的温度条件下烘干固化 4h。图 4.28 所示为粘接铝薄膜和接口的微通道芯片。

首先用环氧树脂将翅片散热器粘接在 PCB 基板上，由于 PCB 基板导热低，可以起到很好的绝热作用，避免热交叉带来的温度干扰。接着用导热硅

图 4.28　粘接铝薄膜和接口的微通道芯片

胶将 6 个微加热芯片按顺序粘接在翅片散热器上。然后将聚酰亚胺（PI）电热膜用导热硅胶粘接在厚度为 2mm 的金属铝块上作为高温加热器。温控系统中的温度传感器为 Pt1000 传感器，用导热硅胶粘接在对应加热器的铝块上。最后，将玻璃-PDMS 微通道芯片安装在加热器的上方。在三个微通道芯片之间有宽度为 5mm 的空气隔热槽（空气热导率为 $0.024\mathrm{W} \cdot \mathrm{m}^{-1} \cdot \mathrm{K}^{-1}$），以减小不同温区之间的相互影响。同时，为了保证微通道芯片与加热铝块表面的充分接触和热传递，本书在两者之间添加了导热硅脂。导热硅脂的热导率为 $1\sim6\mathrm{W} \cdot \mathrm{m}^{-1} \cdot \mathrm{K}^{-1}$，能够在加热铝块和微通道芯片之间建立起低热阻的导热介质，同时对微通道芯片起到一定的固定作用，并可以随时更换芯片，便于微通道芯片的一次性使用。热梯度器件实物图如图 4.29 所示。

图 4.29　热梯度器件实物图

4.4　本章小结

本章主要对热梯度器件的加工工艺和系统构建进行了研究。根据本书设计的热梯度器件的特点，制定了微加热芯片和玻璃-PDMS 微通道芯片的加工工艺流程，对加工过程中的关键工艺步骤，包括热氧化、光刻、金属溅射、模塑成型和氧等离子体键合等进行了介绍，确定了主要工艺参数。最后，根据热分析设计的结果选择了合适的翅片散热器，采用 PCB 转接板的方式对微加热芯片进行了引线键合，采用 PDMS 粘接硅胶管的方法实现了微通道芯片的接口密封连接，完成了热梯度器件的构建。

第 5 章 温度控制系统

本书的梯度加热器的设计，目的是在不增加系统功耗和控制复杂度的情况下提供多重温度。该梯度加热器由 6 个微加热芯片组合构成，如果对每个微加热芯片进行独立的温度控制，虽然能实现多元化的温度参数，但是会极大地增加控制系统的复杂度。本书将梯度加热器作为一个整体进行温度控制，采用与单个微加热芯片几乎相同的控制系统和控制方法，实现了不增加控制系统复杂度的目的。本书设计了一个温度控制系统来调节梯度加热器的温度，系统主要包括硬件和软件两大部分。硬件的设计主要从降低功耗、减少成本以及实现微型化和便携化等方面考虑，以便和微型化的热梯度器件相匹配；软件部分以温度控制精确、操作简便为原则进行编制。

5.1 温度控制系统的工作原理

图 5.1 显示了控制系统的硬件构成及其与梯度加热器的电路连接原理。控制系统包括一个低功耗的微处理器（MSP430），一个温度数据采集单元，一个功率输出控制单元，一个键盘输入单元，一个 LCD 显示单元，一个 RS-232 数据传输单元和一个外部直流电源。补偿单元的电阻并联起来后连接在功率输出控制单元，温度传感器连接在温度数据采集单元。简而言之，补偿单元的电阻的加热功率通过微处理器来控制。温度传感器位于补偿单元的电

阻的阻值最大的微加热芯片上，这样可以采集到梯度加热器上的最大温度值（当梯度加热器上的温度差为 0 时，同样将传感器采集到的温度值默认为最大值），温度控制系统以最大温度值为参考对梯度加热器进行控制，可以将梯度加热器的整体温度波动控制在最小范围内。温度数据采集单元通过温度传感器采集梯度加热器上的温度数据，并将温度数据转换成电信号。微处理器根据温度数据采集单元传递过来的信号为功率输出控制单元提供一个PWM（pulse-width-modulation）信号。然后功率输出控制单元通过开/关补偿单元电阻两端的电压来产生一个可调的加热功率。与之相反，梯度单元的电阻串联之后直接与直流电源输出端连接，即补偿单元的电阻的加热功率通过直接调节直流电源的电压来控制。

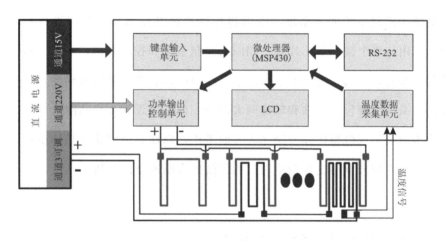

图 5.1　温度控制系统原理图

为了获得期望的梯度温度，在实验之前，对不同加热功率下相邻两个微加热芯片之间的温度差值进行了标定。调节施加在梯度单元电阻两端的外部电压，电阻在芯片上产生了变化的加热功率，当微加热芯片之间达到某个特定的温度差值后，施加在电阻上的加热功率被定义为该温差对应的特定加热功率。换句话说，加热功率被标定为能够在微加热芯片上产生特定的温度差值。在实验中，根据标定结果调节施加在梯度单元电阻两端的外部电压。同时，在温度控制系统上设定 6 个微加热芯片上温度的最高值，微处理器将会根据温度传感器采集的温度信号调制补偿单元电阻的加热功率，由于来自补偿单元电阻的加热功率补偿，梯度加热器就可以实现期望的梯度温度。

5.2　温度控制系统的硬件设计

5.2.1　MSP430 微控制器简介

温度控制系统的核心为微控制器，系统的先进性和功能的强弱通常直接与其控制器的性能有关。本书设计的温度控制系统采用了 MSP430 单片机作为核心处理器。

单片机也称单片微处理器、微控制器，是实现自动检测和控制的性价比最高的微计算机。而 MSP430 系列单片机是美国德州仪器公司近年来推出的一个优秀的 SOC 型超低功耗混合微处理器产品系列，如图 5.2 所示，它不仅具有 16 位高效的微处理器系统，还具有丰富的、功能强大的外围电路资源。MSP430 系列单片机电路资源性能优异，模拟与数字系统结合完美，系列全面、技术先进、应用面广，可用单芯片完成整个测控系统的设计。即使在某些不需要超低功耗的场合，让 MSP430 单片机全速运行，作为普通的单片机使用，仍然具有强大的运算能力。

MSP430 系列单片机针对各种不同的应用环境，开发了一系列不同型号的器件，其主要特点有以下几方面。

（1）MSP430 单片机引入"时钟系统"的概念。使 CPU、外围功能模块、休眠唤醒机制三者所需的时钟独立，而且可以通过软件设置时钟分频、倍频系数，为不同速度的设备提供不同速度的时钟，并且可以随时将某些暂时不工作模块的时钟关闭。这种独特的时钟系统还可以实现系统不同深度的

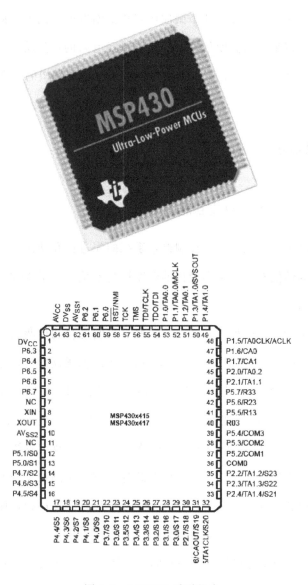

图 5.2　MSP430 系列芯片

休眠，让整个系统以间歇工作最大限度地节约电力。

（2）MSP430 单片机内核是 16 位 RISC 处理器，单指令周期，其运算能力和速度都具有一定的优势。某些内部带有硬件乘法器的型号，在处理能力上更胜一筹，结合 DMA 控制器甚至能完成某些 DSP 的运算功能。

（3）MSP430 单片机采用模块化结构，每一种模块都具有独立而完整的结构，在不同型号的单片机中，同一种模块的使用方法和寄存器都是相同的。这为学习和开发 MSP430 单片机提供了便利。

（4）MSP430 单片机采用冯·诺依曼结构。寄存器以及数据段（RAM 区）与代码段（Flash 区）统一编址。如果将代码搬移到 RAM 区，同样可以运行，并且每一款 MSP430 单片机都集成有 Flash 控制器，通过它可以对 Flash 区进行擦写操作。这种存储机制可以很方便地实现在线升级甚至远程升级功能。

（5）TI 公司具有雄厚的模拟技术实力。在 MSP430 单片机家族中，丰富的、性能卓越的模拟设备是一大特色。利用 MSP430 单片机，可以单芯片完成模拟信号的产生、变换、放大、采样、处理等任务。这对缩小产品体积、降低成本有着重要的意义。

（6）MSP430 单片机是一个不断更新、不断发展壮大的家族。每年都会有新的型号发布，不断会有新的系列推出，而且陆续推出的各种新型号单片机性能越来越强、功耗越来越低，性价比也不断提高。

MSP430 系列单片机不仅可以应用于传统单片机应用领域，如仪器仪表，自动控制以及工业领域，也适用于电池供电的场合，如能量表（水表、电表、气表等）、野外气象传感器、变频器等，还可用于各类工业控制、工业测量、电机驱动等。

综合分析得到，MSP430 单片机更适合于低功耗、高速实时控制以及数据计算，它拥有更多的片上资源供设计者使用。

5.2.2　CPU 系统电路

MSP430F149 是一个包含 ROM、A/D、PWM 等功能的具有 48 个 I/O 输入、输出端口的微控制器，功能齐备。作为 PCR 芯片的热循环控制系统的心脏，CPU 的电路非常简单。图 5.3 所示为 CPU 系统电路图。CPU 资源分配情况如下：除了单片机最小系统外，P1.0～P1.3 共 4 个引脚作为按键的接口；P1.5～P1.7、P3.0 及 P2.0～P2.7 共 12 个引脚作为 LCD 的接口；P3.4 和 P3.5 用作串行通信的 TxD 和 RxD，与 MAX232 芯片相接；P4.1 作为 PWM 加热功率电路的接口，用于控制加热器的通断；P6.0 与测温电路相接，用于进行温度信号的采集；P3.1～P3.3 作为模拟开关 CD4051 的地址信号接口；剩余 I/O 口均引出作为扩展接口。

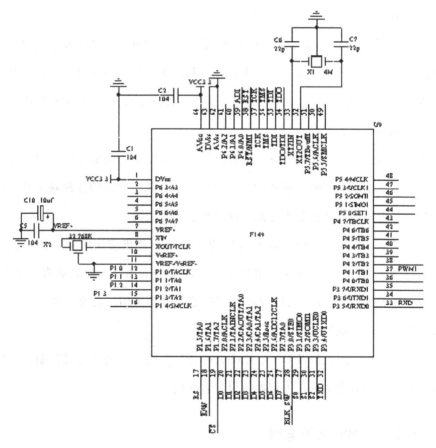

图 5.3 CPU 系统电路图

5.2.3 温度采集与数据处理电路

本系统的温度数据采集与数据处理电路由恒流源和 AD620 仪表运算放大器两大部分组成。

对温度信号的采集采用了四线法来测量。四线法测量是在 Pt 电阻的两端各接两根导线，其中取 Pt 电阻两端各一根引线为热电阻提供恒定电流 I，把电阻信号转换成电压信号 U，另外两根导线用来测量电阻上的电压降，与传统 PCR 温控系统电路中所使用的电桥转换电路相比，这种方式可以完全补偿导线电阻，消除引线的影响，测量误差小，精度高[130]。

恒流源发生电路中，首先使用电阻分压，产生了一个 3V 的基准电压。考虑到后续为了改变放大器的输入电压而调整恒流源的大小，我们使用了 CD4051 器件来切换多个电压档位，CD4051 是一个 5V 供电的 8 通道数字控制模拟电子开关，有 3 个二进制控制输入端 A、B、C 和 INH 输入，具有低导通阻抗和很低的截止漏电流。该器件在必要的时候也可以关闭恒流源。运放 LM358 稳定了反馈点的电压，电阻 R8 用于实现电压到电流的转换，最终产生了 1mA 的恒流。电容 C25 用于滤波。

1mA 的恒流输入 Pt 电阻的两端，通过四线法，输出为电压信号。将采集到的电压信号经过放大器 AD620 放大。AD620 为 8 个引脚，低成本、高精度的单片仪表放大器。同时，AD620 的低功耗特性也与系统的超低功耗设计相匹配。将运放的输出信号输入单片机，使用单片机内部自带的 A/D 来转换。在电路的设计过程中，注意数字芯片的电源与地之间必须加滤波电容。

温度数据采集与放大电路如图 5.4 所示。温度数据采集与数据处理电路的结果通过 ADI 端口与单片机 MSP430F149 的 P6.0 引脚相接，将数据处理所得最终模拟信号作为单片机的输入，单片机通过自带 16 位的 A/D 转换器

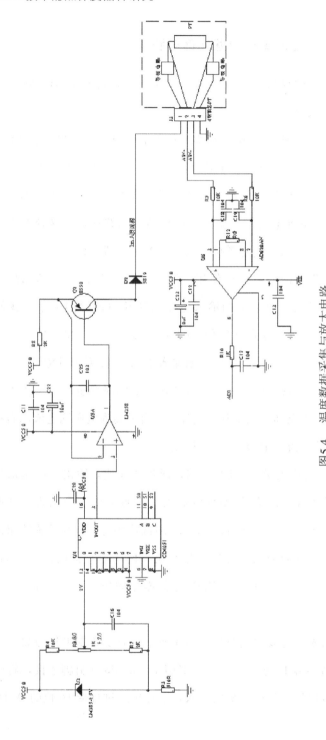

图5.4　温度数据采集与放大电路

进行模数转换，即通过该采集信号来实现温度控制。

5.2.4　PWM 功率控制电路

本书设计的功率驱动电路是由光耦 MOC3041 和达林顿管 TIP122 两部分组成。

PWM（pulse width modulation，脉冲宽度调制，简称脉宽调制）是最常用的功率调整手段之一。所谓脉宽调制，顾名思义，是指在脉冲方波周期一定的情况下，通过调整脉冲（高电平）的宽度，从而改变负载通断时间的比例，达到功率调整的目的。PWM 波形中，负载接通的时间与一个周期的总时间之比叫作占空比。占空比越大，负载的功率就越大。使用 PWM 控制负载时，开关器件的总发热量很小，效率较高，适用于大功率、高负载的负载调整应用。PWM 的另一个优点是从处理器到被控系统信号都是数字形式的，不需要进行模数转换，这样可将噪声影响降到最小。考虑到以上因素，本系统选用了 PWM 方式来进行功率控制。

加热功率电源为 0～30V 的可调电压，而 CPU 采用的是 3.3V 直流电源。因此，设计时采用 MOC3041 光电耦合器件进行电源的隔离。加热功率电源通过达林顿管 TIP122 构成的开关电路输出。达林顿管 TIP122 由两个三极管构成，放大倍数为两个三极管放大倍数的乘积，在加热功率电路中，达林顿管用于实现对大功率的驱动[131]。

PWM 功率控制电路如图 5.5 所示。单片机 MSP430F149 的 P4.1 引脚作为加热功率电路的控制信号 PWM1，当 PWM1 信号为低电平时，光耦 MOC3041 的二极管导通，通过驱动电路给芯片上的加热器供电；当 PWM1 信号为高电平时，二极管断开，则停止加热。即单片机通过 PWM1 引脚控制加热器上加热电压的通断，以实现温度控制的目的。

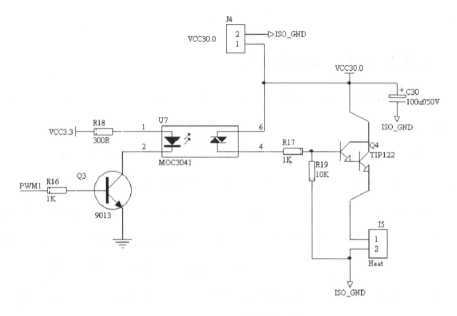

图 5.5　PWM 功率控制电路

5.2.5　LCD 显示电路

　　液晶显示模块 1602C 是一种字符型液晶显示器，模块大小为 80.0mm×36.0mm×13.5mm，可显示 32 个 5×8 点阵的字符。该液晶模块自带液晶驱动电路，主要采用动态驱动原理，由行驱动控制器和列驱动器两部分组成了 80（列）×16（行）的全点阵液晶显示，与 CPU 接口采用 3 条位控制总线和 8 位并行数据总线输入、输出，适配 M6800 系列时序。具有低功耗、供应电压范围宽并具有丰富而易操作的指令集等特点，用于显示系统热循环的各个参数。

　　为了与单片机电源匹配，本温控系统也选用了 3.3V 供电的液晶模块，引脚功能如表 5.1 所示。

　　LCD 与单片机的接口方式采用直接连接；单片机 MSP430F149 的 P2.0～P2.7 直接对应 LCD 模块的 DB0～DB7，P1.5～P1.7 引脚分别连接 LCD 模块的 RS、R/W、E 端口，P3.0 与背光端口相接。

表 5.1　液晶 1602C 的引脚功能

引脚	符号	电平	功能
1	VSS	0V	电源地
2	VDD	+3.3V	+3.3V 逻辑电源
3	VO	—	液晶驱动电源
4	RS	H/L	H：数据 L：指令
5	R/W	H/L	H：读 L：写
6	E	H/L	使能信号
7	DB0	H/L	数据总线
8	DB1	H/L	数据总线
9	DB2	H/L	数据总线
10	DB3	H/L	数据总线
11	DB4	H/L	数据总线
12	DB5	H/L	数据总线
13	DB6	H/L	数据总线
14	DB7	H/L	数据总线
15	BLA	+3.3V	液晶背光电源

液晶显示电路如图 5.6 所示。

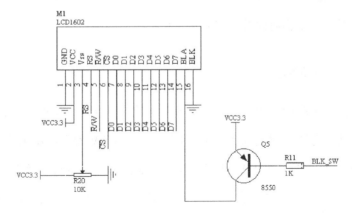

图 5.6　液晶显示电路

5.2.6　按键控制电路

控制板上设有 4 个按键，设计成"增减式"菜单，按键从左到右分别是"加""减""Next""确认"，确认键也就是选择键，"Next"用于在设置参数或者显示时，对于不需要修改或者显示的项直接跳过，进入下一项。

菜单的交互式设计方式在开机时按"Reset"按钮，进入系统参数设置模式，该模式只适用于工作人员修改，对用户是屏蔽的。进入参数设置模式后，可以设定工作温度、工作时间等。当进入菜单但长时间未操作时，系统会自动退出菜单，并放弃保存参数，以防止误操作。

同时，在参数设置模式中，还设计了另外一个功能，考虑到温度控制系统的通用性，即不针对某一特定器件而设计。由于生产工艺、封装、环境等因素，会导致温度传感器的 Pt 电阻值有稍许的差别，这就要求在实验之前，必须对每个 Pt 电阻进行标定，测试 Pt 电阻的温度特性。故在实验前，需要将芯片放置在高低温箱中，在恒温环境下测试 Pt 的电阻值，通过按键记录到单片机的内存中。

在正常模式下，按键与液晶结合，用于选择在液晶模块 1602C 上显示目前的工作温度、工作时间等状态参数。按键控制电路如图 5.7 所示。

5.2.7　电源电路

微型控制系统的电源设计有三组直流电输出：+5V 为 AD620 运算放大器、数据处理电路的恒流源及 CD4051 供电；+3.3V 参考电压供给 MSP430 单片机及液晶电路；0～20V 可调电源为微加热芯片的加热功率源。所有电源设计为共地。对于前两者，我们采用 5V 电池供电，采用电压转换芯片 LM1117-3.3，将电压从 5V 稳压至 3.3V。而 0～20V 可调电源则采用了开关电源来实现。ICL7660 为小功率极性反转电源转换器，给 AD620 仪表放

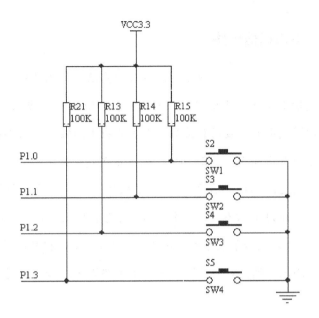

图 5.7　按键控制电路

大器提供负电源。

电源电路如图 5.8 所示。

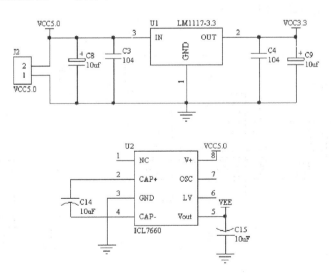

图 5.8　电源电路

5.2.8 串口通信电路

串口是计算机上一种非常通用的设备通信协议。常用的单片机与上位机的通信方式包括 RS-232、RS-485、RS-422 等。RS-422 总线和 RS-485 基本原理类似，均以差动方式发送和接受，不需要数字地线，具有抑制共模干扰的能力。一般在发送端 $V_{ab}=2\sim 6V_{dc}$ 表示正逻辑，$V_{ab}=-2\sim -6V_{dc}$ 表示负逻辑。它们之间的区别在于，RS-422 可用全双工工作，收发之间互不影响，但是需要通过两对双绞线；RS-485 只能半双工工作，发收不能同时进行；而 RS-232 方式是单端输入、输出，用于 PC 串口和设备间点对点的通信，只限于短距离的通信，双工工作时至少需要数字地线、发送线和接收线三条线[132]。

在本系统中，上位机为微机，下位机为本电路系统，串口用于上下位机点对点通信，将温度信号实时显示到 PC 上，便于进一步保存、分析等，通信距离较短，故选用了电路较为简单的 RS-232 方式。

串口通信电路如图 5.9 所示。

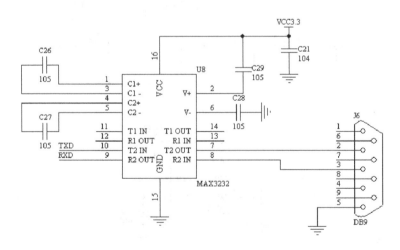

图 5.9 串口通信电路

5.2.9　JTAG 仿真模块电路

JTAG 仿真模块是用来通过单片机的 JTAG 边界扫描口来进行调试的设备。它连接比较方便，属于完全非插入式（不使用片上资源）调试，它无须目标存储器，不占用目标系统的任何端口。JTAG 编程方式是在线编程，传统生产流程中先对芯片进行预编程后再装到板上，而目前的流程为先固定器件到电路板上，再用 JTAG 在线编程，从而大大加快了工程进度。

JTAG 仿真模块电路如图 5.10 所示。

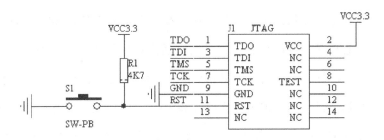

图 5.10　JTAG 仿真模块电路

研制的温控系统大小为 10cm×8cm×2cm，实物图如图 5.11 所示。

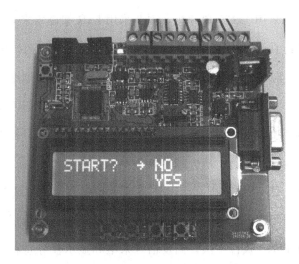

图 5.11　温控系统实物图

5.3 温度控制系统的软件设计

大多数单片机系统都属于实时多任务系统。而 CPU 本身是一个串行执行部件，它只能依次执行代码，不能同时执行多段代码，需要借助一定的软件手段来实现多任务的同时执行。简单地说，前后台程序结构由主循环加中断构成，主循环程序称为"后台程序"或"背景程序"；各个中断程序称为"前台程序"，依靠中断内的前台程序来实现事件响应与信息收集。后台程序中多个处理任务顺序依次进行，从宏观上看，这些任务将是同时进行的[133]。

前后台程序是一种简单方便、小巧灵活的程序结构。只需很少的 RAM 和 ROM 即可运行，没有额外的资源开销。因此在低端的处理器以及小型软件系统上得以广泛应用，但整体实时性和维护性较差，不适用于大型的软件系统。本书设计的温度控制系统的软件设计主体思想即为上述的前后台程序。

为方便控制系统算法实现，简化软件设计流程，系统程序采用单片机 C 语言编制。由于采用了 430 单片机，因此采用 IAR 编译器来完成系统软件的编写、调试及仿真。系统主要功能程序模块包括主程序、初始化子程序、A/D 采样子程序、温度测量子程序、D/A 转换子程序、定时器中断子程序、串口中断子程序、多格式通信发送子程序、LCD 显示子程序、按键中断子程序、多格式通信接收子程序、Flash 数据读出/写入子程序、校准子程序及定时子程序等。

为了省电，让 CPU 休眠在 LPM3 模式下，每隔 1/16s 被 BasicTimer 唤醒一次处理主循环内的任务，以满足服务周期的要求。在主循环内键盘扫描与通信任务每 1/16s 执行一次，温度信号采集和显示任务每秒执行一次。串口接收采用中断加缓冲区机制，当接收完一个有效的请求帧后，中断内置标志。当该标志被主循环内的通信任务函数查询到后，清除标志并返回温度数据[134]。为确保热梯度器件温度的控制精度，必须同时兼顾好温度控制的动态和稳态性能指标。

温度控制系统的控制软件主要由温度参数设定、显示、温度控制、A/D转换等几部分组成。

(1) 温度参数设定模块：主要是按键的程序设计，由四个功能键"加""减""Next""确认"来完成。系统开启的同时，长按"确认"键进入参数设定模式，其中包括：温度 H-temp 的设定及其恒温时间 H-time 的设定、温度传感器标定的第一个电阻值读入显示、第二个电阻值读入显示。温度和时间数值的设定采用"加"或"减"按键来完成，设定范围均为 0～999[135]。所有参数设置完成，模式换到执行开始，按下"确认"键，启动温度控制。

(2) 显示模块程序：在参数设置时，可以显示状态、参数值等。在运行过程中可以显示时间 Time、实时的温度值等。

(3) 温度控制程序：由于系统的信号采集与处理电路设计精度较高，足够满足温控精度的要求，因此软件上采用最简单的平均滤波法进行控制。在对加热器进行通断控制时，设定一个温度值及允许误差范围，当温度低于设定值时，即开启加热，温度高于设定值时，关闭加热，依靠余温升到预定值。例如，设定温度为 64℃，当采集到实时温度低于63.8℃ 时，均开启加热器，温度高于 63.8℃时，均关闭加热器，整个循环过程中，一直进行温度采集。采用此种方法，通过实验可知，温控的稳态控制精度可以达到 ±0.3℃。

具体的软件流程图如图 5.12 所示。

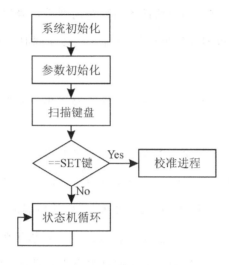

图 5.12　系统软件流程图

5.4　本章小结

本章详细介绍了热梯度器件的温度控制系统，主要包括硬件和软件两大部分。硬件的设计从器件微型化、低功耗、高精度等方面考虑，核心器件采用 TI 公司的 MSP430 微控制器。介绍了微控制器的电路设计，包括 CPU 的扩展电路、信号采集与处理电路、加热功率电路、电源控制电路、显示电路及串口通信电力等。软件部分以温度控制精度高、操作简捷的原则进行编制，主要给出了几个关键部分的编程设计思想，包括参数设定、显示、数据处理等。

本系统全部采用低功耗电子元件，尤其是微处理器能自动进入各种低功耗模式，采用 PWM 脉冲宽度调制技术，用软件实现执行信号的输出，大大简化了硬件结构，具有功耗低、结构简单、系统稳定、体积小、转接方便、时间精度和灵敏度高、干扰抑制能力强等优点。

第6章 温度性能测试

针对本书加工制作的热梯度器件，本章对其进行必要的性能测试来验证是否与设计要求相符，进一步确认热梯度器件分析、设计和优化的正确性与合理性。对热梯度器件的性能测试主要集中在热梯度器件的温度特性。温度特性主要包括梯度加热器的功率、梯度温度和微通道芯片的温度梯度。

6.1 温度传感器的标定

本书设计的温度传感器为金属铂（Pt）薄膜电阻温度传感器，是基于电阻的热效应进行温度测量的，即电阻体的阻值随温度的变化而变化。在一定的温度下，测量 Pt 的电阻值，经过软件中公式换算后得到微加热器的实时温度，然后由温度控制系统决策是否加热。

金属铂（Pt）的电阻值随温度变化而变化，并且具有很好的精确性、重现性和稳定性，在通常情况下，Pt 薄膜电阻的阻值与温度的关系式如下：

$$R_t = R_0(1 + At + Bt^2) \qquad (6.1)$$

式中：R_t——温度为 t 时铂电阻的阻值；

R_0——铂电阻的初值（$t=0℃$ 时）；

A——温度系数；

B——非线性系数，A、B 均为常数，在低温时，B 值很小；

t——铂电阻的温度。

按照式（6.1）中所给定的标准公式计算，Pt 温度传感器的测温精度可以达到 mK 量级。然而在大多数的实际应用中，对温度的精度要求并不是特别高，小于 0.5℃即可。由于设计、生产工艺、设备及环境因素的影响，在使用温度传感器测量温度之前，需要分别对每个 Pt 温度传感器的电阻值进行标定。

在生产 Pt 温度传感器时，其阻值的标定是严格按照 IEC751 标准来进行的。一方面，通过掺杂浓度来精确控制材料的温度系数以实现 Pt 电阻的测温准确度；另一方面，则通过精确控制阻值在一定的允差范围，来实现传感器的高度可互换性。将 Pt 温度传感器置于多个不同的恒温环境中，读取 Pt 电阻的阻值，用 Matlab 软件验证 Pt 电阻的线性度之后，求出斜率，即可建立一个线性变化关系公式，得出温度与电阻的关系。

进行温度标定工作时，选用全自动高低温箱进行内部恒温环境的温度设

图 6.1　高低温试验箱

定，如图 6.1 所示，待高低温箱内温度稳定，测量 Pt 温度传感器在该恒定温度下的阻值，以通过温度测阻值的方式来检验 Pt 电阻的特性。实验中，随机选取了 8 个 Pt 温度传感器，在 0～100℃ 的范围内以 10℃ 为增量逐步进行标定。

标定工作完成后，对测得的数据进行统计记录，如表 6.1 所示。

表6.1　不同温度下 Pt 传感器的阻值　　　　　单位：Ω

温度/℃	1	2	3	4	5	6	7	8
0	495.32	499.61	491.82	498.34	490.70	509.28	491.15	494.86
10	507.63	512.74	504.57	511.33	503.18	522.24	503.66	507.50
20	520.87	525.94	517.60	524.73	516.12	535.37	516.35	520.58
30	534.23	539.75	530.84	538.08	529.36	548.83	529.47	533.86
40	546.64	552.15	543.11	550.56	541.57	561.10	541.46	546.23
50	559.06	565.01	555.85	563.27	554.38	574.43	554.08	558.70
60	572.15	578.19	568.32	576.06	566.82	587.17	566.35	571.61
70	584.46	590.68	580.91	588.25	579.50	599.35	579.27	584.14
80	596.70	602.62	594.37	600.39	592.24	612.27	592.35	597.27
90	608.72	615.67	606.09	612.35	604.20	625.83	605.37	611.61
100	621.22	631.26	620.90	625.25	620.57	641.82	619.63	637.29

分析表 6.1 中的数据，可以看到 8 组数据的基本变化趋势是一致的。在 0～100℃ 范围，随着温度的升高，Pt 电阻的电阻值逐渐增大。为了简化数据处理与分析，本文选用了 1、3、5、7 这 4 组数据进行分析处理。用 Matlab 软件按照所测数据绘制图表，得到如图 6.2 所示的阻值—温度变化曲线。

Pt 电阻在温度较低时，其阻值随温度的变化近似一条直线。图 6.1 表明，在允许的误差范围内，本文所测数据基本成线性分布，验证了 Pt 电阻在 0～100℃ 范围内具有优良的线性度。本书以上 4 组数据进行处理时采用最小二乘法进行曲线拟合，假设电阻和温度的线性关系为

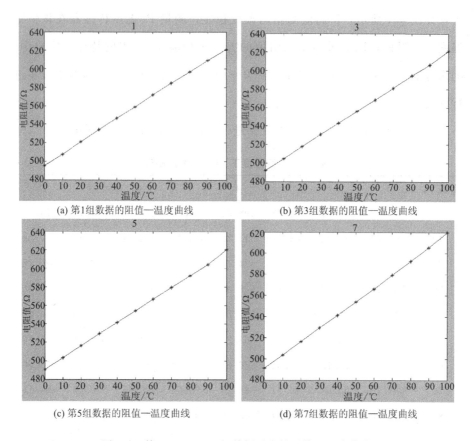

(a) 第1组数据的阻值—温度曲线　　　　　(b) 第3组数据的阻值—温度曲线

(c) 第5组数据的阻值—温度曲线　　　　　(d) 第7组数据的阻值—温度曲线

图 6.2　第 1、3、5、7 组数据对应的阻值—温度曲线

$$R = kT + b \qquad (6.2)$$

在整个测量范围内，非线性误差绝对值的最大值可以表示为：

$$| \Delta R_i |_{\max} = | R_i - (kT_i + b) |_{\max} \qquad (6.3)$$

式中：T_i——实际测试（标定）点的温度；

R_i——实际测试（标定）点的电阻值；

i——0，1，2，…，10（代表在 0～100℃ 范围内的 11 个温度测试点）；

Pt 电阻测温传感器的线性度误差为

$$\delta_L = \frac{|\Delta R_i|_{max}}{R_{FS}} \times 100\%　\qquad (6.4)$$

式中：R_{FS}——温度传感器的满量程输出值。

使用 Matlab 软件得到了每组数据的拟合曲线及对应的 k 值和 b 值，如图 6.3 所示。

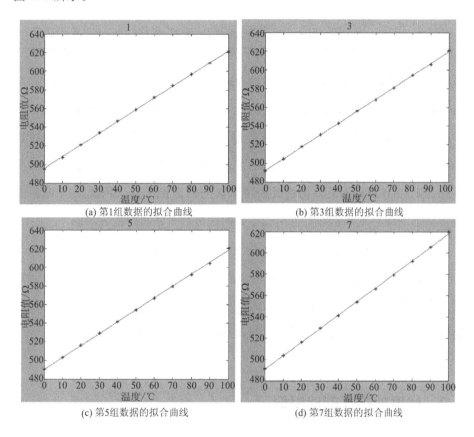

(a) 第1组数据的拟合曲线　　　　　　(b) 第3组数据的拟合曲线

(c) 第5组数据的拟合曲线　　　　　　(d) 第7组数据的拟合曲线

图 6.3　使用 Matlab 进行数据拟合得到的直线

图 6.3 即为所选 4 组数据的拟合直线。拟合直线绘制完成后，通过 4 组直线的 k 值与 b 值，计算出温度传感器的线性度、非线性误差以及灵敏度指标，如表 6.2 所示，其中灵敏度的定义为单位温度下的电阻值的变化。

表 6.2　4 组数据的性能参数

序号	k	b	δ_L	$|\Delta Ri|_{max}$	灵敏度/$(\Omega/^\circ\mathrm{C})$
1	1.2614	495.7136	0.0058	0.7276	1.259
3	1.2791	491.8636	0.0076	0.9826	1.291
5	1.2795	490.4091	0.0105	1.3641	1.298
7	1.2744	490.6909	0.0067	0.8549	1.285

从表 6.2 所示的第 1、3、7 组的数据可以看到，灵敏度均在 $1.3\Omega/^\circ\mathrm{C}$ 左右，采用最小二乘法进行拟合得到的直线与实际测得的数据之间的最大误差均小于 0.8Ω，因此本书设计的温度控制系统，温度的最大误差不会超过 $0.6^\circ\mathrm{C}$；而对于第 5 组数据，电阻误差比较大，最大误差可能会影响的温度变化为 $1.0509^\circ\mathrm{C}$，该误差仍然处于可以接受的范围之内。因此，Pt 电阻温度传感器的线性度非常好，采用最小二乘法进行直线拟合是成功的。

对比表 6.2 中 4 组数据的各个性能参数，k 值和灵敏度相差不大，但是 b 值仍存在一定的差异，因此薄膜电阻的制作工艺带来的误差还是不可忽略的。由于制作工艺的不一致性导致温度传感器阻值的差异，因此在使用传感器时必须逐一进行标定，这样可以有效地减小测试时的使用误差。

6.2　梯度加热器的电阻值

本书设计的梯度加热器，通过微加热芯片上的电阻来产生可以调节的梯度温度。微加热芯片上金属薄膜电阻的电阻值和梯度加热器的温度直接相关，但是受加工工艺、加工设备及环境因素的影响，实际的金属薄膜电阻值并不与设计值一致。因此，本书对制作的微加热芯片的金属薄膜电阻值进行了测量，以了解电阻值对梯度加热器温度特性的影响。实验中，抽取了三组 18 个微加热芯片，对其室温下的电阻值进行了测量，测量结果如表 6.3 所示。

表 6.3　微加热芯片的电阻值

序号	补偿单元电阻/Ω				梯度单元电阻/Ω			
	第 1 次	第 2 次	第 3 次	平均值	第 1 次	第 2 次	第 3 次	平均值
1	122.1	122.1	121.9	122.0	20.5	20.6	20.5	20.5
2	121.6	121.3	121.5	121.5	40.6	40.7	40.7	40.7
3	126.5	126.6	126.5	126.5	60.3	60.3	60.3	60.3
4	124.8	124.9	124.9	124.9	80.3	80.2	80.1	80.2
5	128.8	128.6	128.5	128.6	100.9	100.9	101	100.9
6	123.8	123.7	123.9	123.8	—	—	—	—
7	124.3	124.4	124.1	124.3	20.4	20.4	20.5	20.4
8	125.6	125.7	125.1	125.5	40.9	41.1	41.1	41.0
9	127.8	127.5	127.7	127.7	61.3	61.5	61.6	61.5
10	127.1	126.9	126.8	126.9	80.9	80.8	80.9	80.8
11	125.1	125.2	125.2	125.2	101.1	101.0	101.0	101.0
12	127.6	127.8	127.6	127.7	—	—	—	—
13	126.3	126.3	126.2	126.3	21.0	20.9	20.9	20.9
14	123.1	123.3	123.3	123.2	40.0	40.1	40.1	40.1
15	122.7	122.9	122.9	122.8	60.2	60.1	60.3	60.2
16	124.4	124.4	124.3	124.4	81.1	81.3	81.3	81.2
17	124.9	124.8	125.0	124.9	102.4	102.3	102.4	102.4
18	126.3	126.5	126.3	126.4	—	—	—	—

　　与设计值相比,电阻的实测值和设计值有较大偏差。这是因为实际电阻值与金属薄膜的厚度密切相关,而薄膜厚度又与加工过程中的参数控制、设备状况直接相关。虽然电阻实际值和设计值的偏差较大,但是根据梯度加热器的工作原理,该偏差对梯度加热器的温度特性并没有直接影响。对梯度加热器温度特性有影响的是 6 个补偿单元电阻的实际值的偏差和梯度单元的电阻差值的偏差。

　　表 6.3 中单个电阻的平均值的计算公式为

$$\bar{x} = \frac{1}{N} \sum_{i=1}^{N} x_i \tag{6.5}$$

式中：N——测量次数；

x_i——单次测量的电阻值。

此外，以表 6.3 中每个电阻的测量平均值作为电阻值，根据式（6.5）可以计算出 18 个微加热芯片的梯度单元电阻的差值的平均值为 20.2Ω，补偿单元电阻的平均值为 125.1Ω。

相对偏差的计算公式为

$$D_R = \frac{x_i - \bar{x}}{\bar{x}} \times 100\% \tag{6.6}$$

式中：x_i——单个电阻值或单个电阻差值；

$\bar{x}$——电阻平均值或电阻差值平均值。

根据式（6.6）计算可知，18 个微加热芯片的补偿单元电阻的相对偏差均小于 ±3%，这与其他研究者采用 MEMS 工艺加工的电阻值的相对偏差相符合[34]，梯度单元电阻的差值的相对偏差均小于 ±5%。

本书的设计中，采用金薄膜作为加热电阻，然而在实际加工过程中，为了增加金薄膜在硅基体上的黏附力，溅射了一层 20nm 的铬薄膜作为过渡层，铬薄膜对薄膜电阻的阻值存在影响。

铬薄膜电阻与金薄膜电阻相当于并联后连接在电路中，并联后的电阻关系式为

$$\frac{1}{R} = \frac{1}{R_1} + \frac{1}{R_2} \tag{6.7}$$

式中：R——Au-Cr 薄膜电阻的阻值；

R_1——Au 薄膜电阻的阻值；

R_2——Cr 薄膜电阻的阻值。

并联后的电阻值为

$$R = R_1 \left(\frac{R_2}{R_1 + R_2} \right) \tag{6.8}$$

金属薄膜电阻的阻值与薄膜的电阻率成正比，与薄膜厚度成反比。Cr 的电阻率比金的电阻率高一个数量级，而薄膜厚度低一个数量级，因此，Cr 薄膜的电阻值比 Au 薄膜的电阻值高两个数量级。根据式（6.8）可知，R 的值与 R_1 的值十分接近，大概为 R_1 的 99%，因此，Cr 薄膜对微加热芯片电阻值的影响比较小。

补偿单元电阻的偏差直接决定了热梯度器件设定为相同低温温度时的温度偏差，因为当梯度加热器被用来提供相同低温温度时，梯度单元不工作，梯度加热器的温度与补偿单元电阻的热功率成正比，而补偿单元的热功率与电阻值成反比，因此，梯度加热器的温度会受到补偿单元电阻阻值偏差的影响。梯度单元电阻的差值的偏差对热梯度器件设定为梯度温度时的低温温度偏差有重要影响，此时低温温度偏差由补偿单元电阻的偏差和梯度单元电阻的偏差共同决定。

本书的电阻采用了不同的连接方式，在不同的连接方式下，电阻值偏差对热功率偏差的影响是不同的。

当电阻采用串联时，根据式（2.37）功率可以表示为

$$P = I^2 (\bar{R} + D_R \bar{R}) \tag{6.9}$$

式中：I——电路中的电流值；

$\bar{R}$——电阻的平均值；

D_R——单个电阻值相对于平均值的偏差。

简化式（6.9）可得

$$P = \bar{P} + D_R \bar{P} \tag{6.10}$$

式中：$\bar{P}$——电阻的平均热功率。

当电阻采用并联时，根据式（2.36）功率可以表示为

$$P = \frac{U^2}{\overline{R} + D_R \overline{R}}$$ (6.11)

即

$$P = \overline{P}\left(\frac{1}{1 + D_R}\right)$$ (6.12)

因此，梯度单元电阻串联后热功率的偏差小于±5%，补偿单元电阻并联后热功率的偏差小于±2.9%。

仿真分析表明，梯度加热器的温度与热功率呈线性关系，其关系式可以表示为

$$y = ax + b$$ (6.13)

式中：y——梯度加热器的温度数值；

x——梯度加热器的热功率数值；

b——梯度加热器在热功率为 0 时的温度数值。

按照式（6.10）的形式替换 x 对式（6.13）变换可得：

$$y - \bar{y} = (\bar{y} - b)D_R$$ (6.14)

根据式（6.14）可知，梯度加热器的温度偏差为梯度加热器的温度平均增量与热功率相对偏差的乘积，由于串联和并联对热功率相对偏差的影响几乎一致，因此，可以认为梯度加热器的温度偏差为梯度加热器的温度平均增量与电阻相对偏差的乘积。

在本书设计中，梯度加热器的热功率为 0 时，温度为 48℃，梯度加热器的工作温度范围为 50~70℃。由此可知，梯度加热器在设定为最高相同温度时（70℃），温度偏差为±0.66℃，在设定为最大梯度温度时（50~70℃），温度偏差为±0.9℃。

上述分析为梯度加热器在室温下的阻值及其对梯度加热器的温度的影响。然而，金薄膜的电阻值会随着温度的变化而变化。在通常情况下，金薄膜电阻的阻值与温度的关系式如下：

$$R_t = R_0(1 + At + Bt^2) \qquad\qquad (6.15)$$

式中：R_t——温度为 t 时金薄膜电阻的阻值；

R_0——金薄膜电阻的初值（$t = 0$℃时）；

A——电阻温度系数；

B——非线性系数，在低温时，B 值很小；

t——金薄膜电阻的温度。

本书设计的梯度加热器的工作温度范围为 50～70℃，相对于室温，其电阻值会发生变化，为了准确了解梯度加热器在工作时的温度特性，有必要对其工作温度下的电阻值进行分析。

金的电阻温度系数为 0.00324ppm·℃$^{-1}$，根据式（6.15），可以对薄膜电阻值进行理论计算。通过计算可知，电阻的偏差会随着温度的升高而升高，但是相对偏差保持不变。因此，温度的变化对梯度加热器的温度特性没有影响。

虽然微加热芯片的补偿单元的相对偏差接近 ±3%，梯度单元的相对偏差接近 ±5%，会导致梯度加热器的温度产生偏差，但是，本书设计的梯度加热器由 6 个微加热芯片组成，而且在实验中，热梯度器件的梯度加热器可以重复使用。因此，本书根据阻值对微加热芯片进行组合，将定值电阻阻值最接近的 6 个微加热芯片组成一个梯度加热器，比如表 6.3 中的第 4、7、8、11、16、17 号微加热芯片，其补偿单元电阻的相对偏差小于 ±0.7%，从而可以将热梯度器件在设定相同低温温度时的温度偏差控制在最小范围内（±0.15℃）。

6.3　微通道芯片的温度梯度

本书设计的玻璃-PDMS 微通道芯片能够产生一个温度梯度，并通过在玻璃基体上增加铝薄膜来提高温度梯度的非线性。为了研究芯片上的温度梯

度，采用红外热像仪（NEC R300）来检测芯片表面的温度分布。如图 6.4
所示，红外热像仪的有效分辨率为 0.05℃，测温精度为 ±1℃，空间分辨率
为 1.2mrad，最小聚焦距离为 10cm，最小探测尺寸为120μm。红外热像仪被
放置在热梯度器件的上方，这种检测方法为非接触式测量，可以避免接触式
测量对温度分布的影响。温度图像用红外热像仪的配套软件InfReC Analyzer
来分析。

图 6.4　红外热像仪（NEC R300）

　　红外热像仪测量的是芯片表面的温度分布，本书需要分析的是微通道所
在层面的温度梯度，即玻璃上表面的温度分布，因此，如果直接测量芯片表
面的温度分布作为数据结果，将会产生偏差。

　　根据第 2 章中的一维稳态导热理论及导热热阻概念可知：

$$\Phi = \frac{T_s - T_a}{1/(hA)} = \frac{T_c - T_s}{L/(kA)} \tag{6.16}$$

式中：L——芯片表面与微通道所在层面的距离；

　　　h——芯片表面的平均对流换热系数；

　　　k——PDMS 的热导率；

　　　T_s——芯片表面的温度；

　　　T_a——环境温度；

T_c——微通道所在层面的温度；

A——芯片传热方向的横截面积。

在得知芯片表面的温度分布之后，可以根据式（6.17）计算出微通道所在平面的温度 T_c：

$$T_c = \left(\frac{Lh}{k} + 1\right) \cdot (T_s - T_a) + T_a \qquad (6.17)$$

玻璃-PDMS 微通道芯片中，PDMS 表面与微通道所在层面的距离大约为 2mm，PDMS 表面的平均对流换热系数大约为 $10\text{W} \cdot \text{m}^{-2} \cdot \text{K}^{-1}$，PDMS 的热导率为 $0.18\text{W} \cdot \text{m}^{-1} \cdot \text{K}^{-1}$，环境温度大约为 20℃，芯片表面温度与微通道所在层面温度的温度差为 3.3～8.5℃。

本章在数值模拟分析时对玻璃-PDMS 芯片表面与微通道所在层面的温度差进行了仿真分析，结果如图 6.5 和图 6.6 所示。

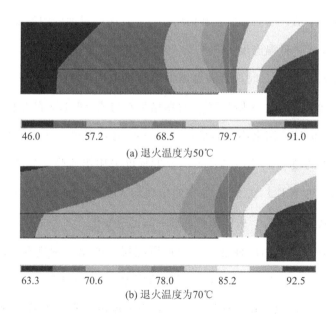

图 6.5　微通道芯片剖面温度分布图

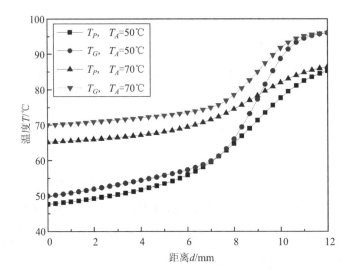

图 6.6　芯片表面与微通道所在层面的温度差

　　从图中可以看出，温度差在最高温度处最大，然后减小，在 7.5mm 处，温度差达到最小值，随后温度差开始增大。并且最高温度处的温度差比低温温度处的温度差大；低温温度（T_A）为 70℃的温度差比低温温度为 50℃的温度差大。低温温度为 70℃时，最高温度处的温度差为 9.1℃；低温温度为 50℃时，低温温度处的温度差为 2.7℃。这些结果都与式（6.17）的分析结果相符，然而，与式（6.17）结果不同的是，在 7.5mm 处，温度差达到最小值 0.1℃。这是因为本书的玻璃-PDMS 芯片上的温度梯度采用铝薄膜增强了非线性，导致玻璃上的温度（T_G）在 8mm 处突然出现较大变化，而 PDMS 热导率较低，厚度较大，其温度（T_P）未能随着玻璃一起迅速变化。

　　由于芯片表面的温度梯度与微通道所在层面的温度梯度存在较大偏差，本书对无 PDMS 时的温度梯度进行了数值模拟，结果如图 6.7 所示。在实验过程中，采用红外热像仪直接检测玻璃表面的温度分布，然后与图 6.7 进行对比，验证数值模拟的准确性，然后，微通道所在层面的温度梯度可以采用数值模拟的结果。

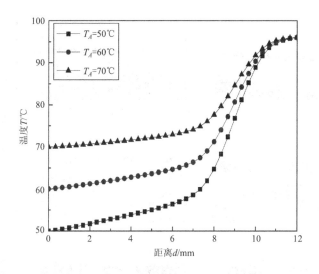

图 6.7　无 PDMS 时玻璃表面的温度梯度

红外热像仪的光谱窗口会同时检测发射的和透射的辐射，升高和扭曲芯片表面的温度数据。因此，芯片表面被涂了一层导热硅脂（热导率与玻璃相似，$1.0 \sim 1.3 \, \mathrm{W \cdot m^{-1} \cdot K^{-1}}$）来减小透射的红外线，仪器自动校准辐射系数（0.94）。

微通道区域的温度图像如图 6.8 所示。图 6.8（a）、（b）和（c）为没有铝薄膜的温度图像，为了进行对比，在实验中采集了铝薄膜改善温度梯度的温度图像，如图 6.8（d）、（e）和（f）所示。从图中可以明显观察到增加铝薄膜后温度梯度发生显著变化。与没有铝薄膜的近似线性的温度梯度相比，增加了铝薄膜后，温度梯度具有更大的非线性，温度梯度明显地分为两个部分，高温段的温度梯度增加，而低温段的温度梯度减小，低温段的有效长度显著增加。

为了更清楚地通过数据显示图像中的温度梯度，温度图像中心线的温度数据被分析并显示在图 6.9、图 6.10 和图 6.11 中。从图中可以看出，两条温度梯度曲线有着明显的差距，正如上述温度图像中直接观察到的那样，增加铝薄膜后，温度梯度的非线性获得显著提高。没有铝薄膜的温度梯度近似

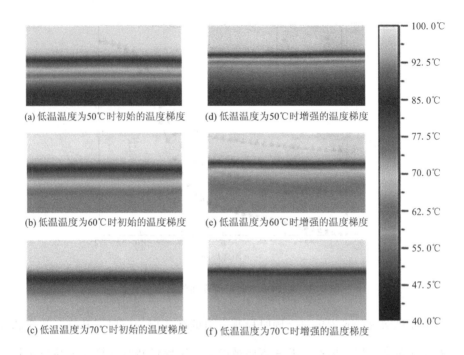

(a) 低温温度为50℃时初始的温度梯度　　(d) 低温温度为50℃时增强的温度梯度

(b) 低温温度为60℃时初始的温度梯度　　(e) 低温温度为60℃时增强的温度梯度

(c) 低温温度为70℃时初始的温度梯度　　(f) 低温温度为70℃时增强的温度梯度

图 6.8　玻璃表面的温度图像

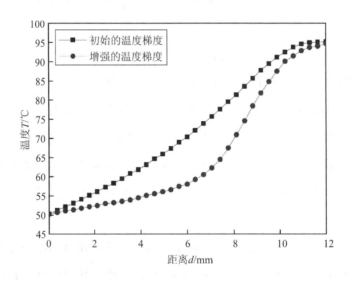

图 6.9　低温温度为 50℃时的温度梯度

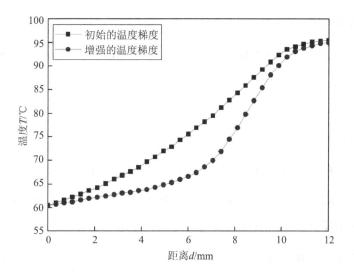

图 6.10　低温温度为 60℃时的温度梯度

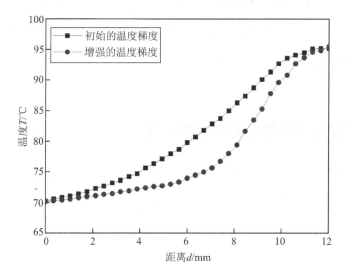

图 6.11　低温温度为 70℃时的温度梯度

线性，大约分别为 4℃·mm⁻¹、3℃·mm⁻¹和 2℃·mm⁻¹。而增加铝薄膜后，低温段的温度梯度减小了，温度梯度的转折点大约分别为 61℃、68℃和 75℃。温度梯度在转折点以上的范围，梯度比 4℃·mm⁻¹的平均值显著增高，分别达到了 $9℃ \cdot mm^{-1}$、$7℃ \cdot mm^{-1}$ 和 $5℃ \cdot mm^{-1}$。而在转折点以下的范围，梯度比 $4℃ \cdot mm^{-1}$ 的平均值显著降低，分别为 $1.5℃ \cdot mm^{-1}$、$1.1℃ \cdot mm^{-1}$ 和 $0.7℃ \cdot mm^{-1}$。该实验结果证实了增加铝薄膜可以改善温度梯度。

将实验结果与图 6.5 的仿真结果进行对比，证实了数值模拟的正确性。因此，本书将第 3 章中数值模拟的结果作为温度梯度的结果。优化温度梯度的最主要目的在于通过提高温度梯度的非线性来增加低温段的有效长度，根据第 3 章中温度梯度的数值模拟结果可知，微通道芯片在三种低温温度下的低温段有效长度分别为 8.5mm、8mm（第 3 章中未显示）和 4.8mm，相对于优化前的 5.9mm、4.7mm 和 1.8mm，其有效长度分别提升了 44%、70% 和 167%。在保证低温段相同的升温速率的情况下，单次循环的时间将分别为原来的 69%、59% 和 37%，分别缩短了 31%、41% 和 63%。因此，本书的温度梯度优化设计可以有效缩短循环时间。

6.4　梯度加热器的功率与梯度温度

在梯度加热器的设计中，通过数值模拟得知，梯度加热器的热功率和温度成正比，并以此为依据设计了微加热芯片的补偿单元电阻和梯度单元电阻。因此，梯度加热器的功率特性十分重要，直接决定了梯度加热器的性能。

在实验中，梯度加热器的补偿单元电阻、梯度单元电阻和高温加热器分别直接连接到直流电源的输出端，通过调节直流电源的输出电压来调节 3 个电路的功率。采用 Pt 温度传感器测量高温加热器和 6 个微加热芯片的温度。当梯度加热器的梯度单元的热功率为 0 时，以 6 个微加热芯片的温度的平均值作为梯度加热器的温度。

图 6.12 显示了保持低温温度在某一特定温度时梯度加热器所需的热功率，该值为低温温度达到设定值 30s 后的测量值。在 50~70℃范围内，低温温度与梯度加热器的功率呈线性关系，梯度加热器的热功率随着温度的升高而增加。该结果与数值模拟的分析结果一致。

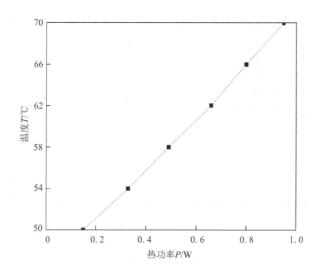

图 6.12　梯度加热器的热功率与温度的关系

通过调节施加在梯度单元电阻两端的电压，可以改变梯度单元的热功率，进而调节梯度温度。因此，在使用之前，需要对梯度单元的功率进行标定。在标定过程中，高温加热器设置为 97.2℃。Pt 温度传感器被用来测量加热器的温度。为了提高温度测量的准确性，采用导热胶将 Pt 温度传感器贴在加热器上。在标定之前先将梯度加热器与温控系统相连接，通过温控系统将梯度加热器的最高温设置为 70℃。然后，调节施加在梯度单元两端的电压，当相邻微加热芯片之间的温度差值平均值达到期望值时，即分别为 1℃、2℃、3℃和 4℃，此时施加在梯度单元两端的电压被认为是该温差的对应电压。换句话说，施加的电压被标定为能够在相邻微加热芯片之间产生一个特定的温度差值。图 6.13 分别显示了梯度加热器的梯度单元两端施加不同电压时，6 个微加热芯片的温度。结果表明，当在梯度单元两端施加特定电压时，6 个微加热芯片的温度为近似线性的梯度温度，该结果与数值模拟的分析结果一致。

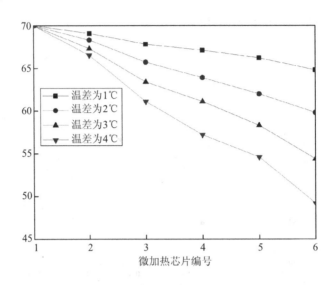

图 6.13　梯度加热器的梯度温度

当施加的功率为 0 时，梯度单元不会产生温度差值，梯度加热器的温度近似相同，为 6 个微通道单元提供相同的低温温度。当梯度加热器的最高温度分别设置为 50℃、60℃ 和 70℃ 时，6 个微加热芯片的温度分别如图 6.14 所示。从图中可以看出，6 个微加热芯片的温度几乎相同，表现出良好的一致性。温度偏差随着温度的升高而升高，在 50℃ 时最小，70℃ 时最大。该温度偏差由补偿单元的电阻值偏差决定，减小补偿单元的电阻值偏差可以减小相同低温温度时的温度偏差。本章选择了阻值偏差小的电阻组合为梯度加热器，理论上测得的温度偏差要小于 ±0.15℃。然而实测的温度偏差要大于该数值，可能的原因主要包括以下几个方面：温度传感器的测量误差；玻璃-PDMS 芯片的厚度尺寸误差；空气自然对流的扰动等。

当施加特定的功率时，梯度单元产生温度差，梯度加热器为 6 个微通道

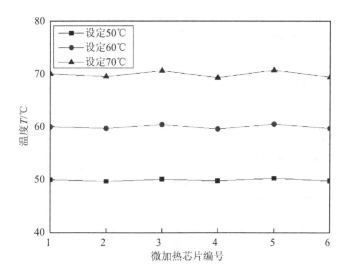

图 6.14　微加热芯片的温度

单元提供一个近似线性的梯度温度。需要指出的是，通过设定梯度温度的温度差及最高温度，在 50～70℃ 的范围内，梯度加热器可以实现多种梯度温度组合，而不仅仅是图 6.13 所示的四种梯度温度。例如，当温度差为 2℃ 时，如果将梯度加热器的最高温度设定为 60℃，则梯度温度为 50℃、52℃、54℃、56℃、58℃、60℃；如果将梯度加热器的最高温度设定为 70℃，则梯度温度为 60℃、62℃、64℃、66℃、68℃、70℃。因此，本书设计的梯度加热器不仅可以为热梯度器件提供相同的低温温度，而且可以提供可调的梯度低温温度。

在梯度加热器的设计中，数值模拟表明，微加热芯片采用 U 形排列方式，可以实现共用一个高温加热器。图 6.15 显示了低温温度为 50～70℃ 的梯度温度时，微通道芯片的温度分布。从图中可以看出，尽管各微通道单元的低温温度不同，但是各微通道单元的高温温度并未受到影响，仍然呈现良好的均匀性，表明 U 形排列方式有效可行，同时证实了数值模拟分析的正确性。

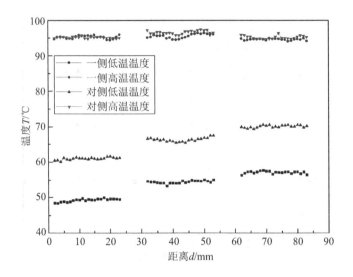

图 6.15　50～70℃的梯度温度时温度的均匀性

温度控制对热梯度器件是十分重要的。通常情况下，温度控制精度极大地依赖于温度传感器的精度，本书采用了高精度的 Pt 温度传感器，温控系统的控温精度可以达到±0.1℃。本书设计的梯度加热器和温控系统只有一个温度传感器，对于有温度传感器的微加热芯片，其控温精度可以达到±0.1℃，对于其他的微加热芯片，其温度值由薄膜电阻的阻值来确定，但是其温度波动同样保持在±0.1℃以内。因此，本书设计的梯度加热器可以实现良好的温度控制精度。

在过去的 10 年时间里，热梯度器件的开发引起了很多研究者的兴趣，并且取得了持续发展[46,49,58,73～76,136～138]。目前，大多数热梯度器件的温度梯度都是采用同样的工作原理，即当一个热源和一个冷却散热器平行放置时，它们之间的二维热传导产生一个近似线性的温度梯度[46,49,58,136～138]。例如，Ross 等人通过将微通道芯片固定在一个加热铜块和一个冷却铜块上来产生温度梯度[136]。加热铜块的温度通过 PID 控制器调节，采用一个很小的高功率电阻丝嵌入铜块中作为加热元件；冷却铜块有一个通孔，冷水从一个恒温水浴槽中流经通孔来调节铜块的温度。Mao 等人也报道了相同的工作[87]。尽管这样的系统可以很容易获得期望的温度梯度，但是它们通常需要一个外部大体积的恒温水浴槽，以及它的附属设备，如温度控制器和循环泵。因此，它们很难实现微型化、集成化。为了改善这一点，一些研究者使用金属块和薄膜加热器来产生期望的温度梯度[46,49]。将散热翅片粘接在冷却铜块上代替冷水浴，同样可以获得一个近似线性的温度梯度[46]。然而这种方法在调整温度梯度方面存在不足。Zhang 等人提出了一种新型的方法，采用倾斜的辐射加热系统来产生温度梯度[58]。尽管这种方法可以产生一个可重复的具有高空间分辨率的温度梯度，但同样缺乏改变温度梯度的灵活性。Selva 等人通过优化设计加热电阻的结构图形，获得了高梯度的温度梯度[75]，但是温度梯度由设计的电阻版图决定，不能进行调节。由于上述产生温度梯度方法均不能调节温度梯度，Zhang 等人提出了一种翅片式的传热结构，并在翅片结构的上方增加了一个散热风扇，通过调节风扇的功率改变对流换热的强弱，从而产生了一个可以调节的温度梯度[76]。但是该装置采用了高导热的铜板作为基体，利用风扇的强迫对流散热形成温度梯度，增加了芯片的复杂度、体积以及系统的功耗，而且不能产生相同的低温温度。

　　上述研究工作对热梯度器件的发展具有重要的意义，但是这些工作都在研究获得温度梯度的方法，没有考虑到温度梯度为 0 时的情况，即不能提供相同的低温温度。此外，为了实现温度梯度的调节，这些芯片采用了恒温水浴槽或风扇，增加了系统的体积、复杂度和功耗。与上述研究工作相比，本书的梯度加热器具有以下几个特点和优势。

　　(1) 梯度加热器由补偿单元和梯度单元组成，既可以提供相同的低温温度，也可以提供不同的低温温度。当梯度单元两端电压为 0 时，梯度加热器产生相同的低温温度，且低温温度可调；当梯度单元两端施加电压时，梯度加热器产生梯度温度，温度同样可以调节。

（2）梯度加热器由 6 个独立的微加热芯片组成，相互之间没有热传导，只需要调节梯度单元两端的电压即可调节梯度加热器的梯度温度，不需要冷水浴或风扇，因而结构简单，体积小。而且没有强迫对流散热，因此功耗低。当梯度加热器的温度设定为 50～70℃的梯度温度（50℃、54℃、58℃、62℃、66℃、70℃）时，所需的热功率与梯度加热器的温度设定为 60℃时所需的热功率近似相等。由此可知，本书设计的梯度加热器在产生梯度温度时，热功率并未增加。

（3）梯度加热器的温度采用整体温度控制，与单加热器的温度控制相比，并没有增加温度控制的复杂度。与采用独立温度控制的热梯度器件[35,139,140]相比，通过这种方法产生多重低温温度，降低了温度控制复杂度。

本书设计的梯度加热器，由于受到金薄膜电阻的电阻值偏差的影响，产生的梯度温度同样存在偏差，并不是完全线性的，然而，利用热传导和散热产生的温度梯度同样是非线性的。

6.5 本章小结

本章完成了对热梯度器件的温度特性测试。测量了梯度加热器的微加热芯片的电阻值，补偿单元电阻的相对偏差小于±3%，梯度单元电阻差值的相对偏差小于±5%；采用红外热像仪获取了微通道芯片的温度图像，通过专用图像分析软件得到了温度梯度数据，实验结果与数值模拟分析的结果一致，铝薄膜显著增强了温度梯度的非线性，在低温温度为50℃、60℃和70℃的情况下，低温段的有效长度分别增加了44%、70%和167%；测定了在不同的梯度加热器的热功率的情况下热梯度器件的低温温度，结果显示低温温度与热功率呈线性关系，并标定了梯度单元的热功率与梯度加热器温度差的关系；采用红外热像仪获取了低温温度为 50～70℃的梯度温度时，各微通道单元的温度的均匀性。结果显示，梯度加热器的微加热芯片为 U 形排列方式时，在共用一个高温加热器的情况下，各微通道单元的高温温度具有良好的温度均匀性。

第 7 章 结论与展望

本书研制了一种基于 MEMS 技术的多通道多重温度热梯度器件,主要研究了热梯度器件的设计与温度优化、加工与制作,以及温度特性测试。对玻璃-PDMS 微通道芯片进行了结构设计和温度梯度优化,确定了关键结构尺寸参数,设计了温度可调的梯度加热器,制定了微加热芯片和玻璃-PDMS 芯片的加工工艺流程,完成了热梯度器件的构建。采用红外热像仪对热梯度器件的温度特性进行了测试,结果表明所研制热梯度器件温度性能达到设计要求。

7.1 本书主要工作

1. 热梯度器件的设计与优化

对比了热梯度器件各种常用材料的特性,选择具有良好导热性能和加工性能的单晶硅作为微加热芯片的基体材料,选择易于加工的 PDMS 作为微通道的基体材料,通过与玻璃键合形成微通道芯片。通过理论分析提出了增加铝薄膜来增强温度梯度非线性的方法;分析了流体在微通道内的流动对流体和基体的温度的影响,设计了微通道芯片的几何结构和尺寸;分析了加热器的热功率与温度的关系,提出了一种新型的梯度加热器的设计,联合补偿单元和梯度单元,实现了 $50\sim70\,^\circ\!C$ 范围内可调的梯度温度,既可以提供相同的低温温度,也可以提供不同的低温温度。

采用数值模拟方法，分析了铝薄膜的几何尺寸（宽度和厚度）对温度梯度和功耗的影响，为微通道芯片的温度梯度的优化设计提供了参考。数值模拟结果显示，增加铝薄膜的宽度和厚度，可以增强温度梯度的非线性，增加低温段的有效长度，但是也会导致系统的功耗增加，而且，随着宽度和厚度的增加，温度梯度非线性增强的趋势变缓，相反，功耗增加的趋势更显著。因此，综合考虑热梯度器件的温度梯度和功耗，铝薄膜宽度和厚度选取为 8mm 和 50μm，将低温温度为 50℃、60℃ 和 70℃ 时的低温段有效长度分别增加了 44％、70％ 和 167％，理论上可以将循环时间分别缩短 31％、41％ 和 63％。通过数值模拟分析了低温加热器的热功率与温度的关系，结果表明随着热功率的增加，温度也会增加，并且二者呈线性关系，根据此结论设计了梯度加热器的电阻；通过数值分析优化了梯度加热器的微加热芯片的排列方式，当微加热芯片采用 U 形排列方式时，在共用一个高温加热器的情况下，各微通道单元的高温温度具有良好的均匀性；设计了温度控制系统，主要从减少尺度，降低功耗等方面考虑，以实现和热梯度器件相适应的微型化、便携化，将梯度加热器作为一个整体进行控制，采用改进的比例调节方式 PWM 功率输出，与独立温度控制方法相比，简化了温度控制系统的复杂度。

2. 热梯度器件的加工与制作

采用 MEMS 微加工技术加工热梯度器件的微加热芯片和玻璃-PDMS 微通道芯片，结合微加热芯片和玻璃-PDMS 微通道芯片的结构特点，分别制定了微加热芯片和玻璃-PDMS 微通道芯片的加工工艺流程。分析了工艺流程中的关键工艺步骤，包括热氧化、薄膜沉积、金属溅射、PDMS 模塑成型、SU-8 光刻、氧等离子体键合，确定了各步骤的关键工艺参数。采用热氧化工艺在硅片表面生长了一层二氧化硅，然后采用 LPCVD 工艺在硅片表面沉积了氮化硅层，使微加热芯片基体获得了良好的绝缘性能。采用磁控溅射工艺在硅基体上淀积了 Cr/Au 金属薄膜，采用 lift-off 工艺获得了薄膜电阻，完成了微加热芯片的加工。采用光刻工艺加工了 SU-8 阳模，通过模塑成型工艺获得了带有微通道结构的 PDMS，然后采用氧等离子体键合工艺将带有微结构的 PDMS 与玻璃键合在一起，完成了玻璃-PDMS 微通道芯片的加工。采用金丝引线键合实现了微加热芯片与 PCB 转接板的电气连接，使用 PDMS 胶接微通道芯片的进口和出口，完成了热梯度器件的系统构建。

3. 热梯度器件的温度特性测试

对加工的微加热芯片的电阻值进行了测量，补偿单元电阻的相对偏差小于±3%，梯度单元电阻的差值的相对偏差小于±5%。采用红外热像仪检测了微通道芯片的温度图像，并通过专业软件分析得到了芯片上的温度梯度结果，该结果与数值模拟分析的温度梯度一致，证实了数值模拟分析的准确性。低温温度为 50℃、60℃ 和 70℃ 时，低温段的有效长度分别增加了 44%、70% 和 167%，理论上循环时间可以分别缩短 31%、41% 和 63%。测试了不同的梯度加热器的热功率下微通道芯片的低温温度，结果表明梯度加热器的热功率与低温温度呈线性关系。测量得到了梯度加热器上的梯度温度和无梯度温度，梯度温度由于温度偏差并不是完全线性的，并将本书的温度梯度方法与现有其他温度梯度技术进行了对比分析。采用红外热像仪检测了低温温度为 50~70℃ 的梯度温度时的高温区域的温度分布，结果显示各微通道单元的高温温度具有良好的均匀性，±1.5℃ 的范围内。温度特性测试从温度角度证明了设计的正确性和可行性。

7.2　主要创新点

（1）采用铝薄膜增强了温度梯度的非线性，获得分段温度梯度，提高了高温段的温度梯度，降低了低温段的温度梯度，显著提高了微通道芯片上低温段的有效长度，有助于缩短循环时间。

（2）提出了一种新型的梯度加热器的设计，该梯度加热器由多个微加热芯片组合而成，相互之间无热传递，无须风冷、水冷等强制对流散热，因而不会增加系统的功耗；同时，梯度加热器作为一个整体进行温度控制，无须对单个微加热芯片进行独立的温度控制，因而不会增加温度控制系统的复杂度。

（3）梯度加热器联合了补偿单元和梯度单元，能够产生可以调节的梯度温度，既能提供不同的低温温度，也能提供相同的低温温度，与现有的梯度温度相比，提供的低温温度更加多样化。

7.3 下一步工作

热梯度器件的研究是一个系统的工作过程，涉及 MEMS 技术和微流控技术。虽然本书的研究成果验证了热梯度器件的可行性，但由于时间和条件限制仍存在一些不足之处，有待进一步完善或改进。结合目前本书的成果，基于目前的研究手段和理论，未来还可以在以下问题上做进一步研究。

（1）缩小微通道芯片的尺寸，增加单元的数量。通过国内外研究成果可以看出，微通道的结构尺寸可以进一步缩小，从而缩小微通道单元的尺寸，在同样的整体尺寸下，可以设计更多的微通道单元。

（2）在微加热芯片的工艺方面，应进一步提高金属薄膜电阻的一致性和精确性，提高梯度加热器的均匀性。因为梯度加热器的温度均匀性和梯度温度的线性与微加热芯片的电阻值直接相关。

（3）研究新的微通道芯片的进口、出口密封连接方式，与微通道单元的尺寸相比，本文的进口、出口区域明显偏大，这将直接制约整个芯片的尺寸以及单元的数量。因此，需要研究新的进口、出口连接技术，将接口区域的尺寸降到最小。

参考文献

[1] Bryzek J，Peterson K，McCulley W. Micromachines on the march [J]. IEEE Spectrum，1994，31 (5)：20 - 31.

[2] Petersen K E. Silicon as a mechanical material [J]. Proceedings of the IEEE，1982，70 (5)：420 - 457.

[3] 苑伟政，乔大勇. 微机电系统（MEMS）制造技术 [M]. 北京：科学出版社，2014.

[4] Liu Chang·刘昶. 微机电系统基础 [M]. 北京：机械工业出版社，2008.

[5] 王喆垚. 微系统设计与制造 [M]. 北京：清华大学出版社，2015.

[6] 刘静. 微米/纳米尺度传热学 [M]. 北京：科学出版社，2001.

[7] Liu Y，Zhao Y，Wang W，et al. A high-performance multi-beam microaccelerometer for vibration monitoring in intelligent manufacturing equipment [J]. Sensors & Actuators A Physical，2013，189 (2)：8 - 16.

[8] Petersen K E. Silicon Torsional Scanning Mirror [J]. Ibm Journal of Research & Development，2010，24 (5)：631 - 637.

[9] Wood D. Actuators and their mechanisms in microengineering [J]. Engineering Science & Education Journal，2002，7 (1)：19 - 27.

[10] Buhler J, Funk J, Korvink J G, et al. Electrostatic Aluminum micromirrors using double - pass metallization [J]. Journal of Microelectromechanical Systems, 1997, 6 (2): 126 - 135.

[11] Lin L Y, Goldstein E L. Opportunities and challenges for MEMS in lightwave communications [J]. IEEE Journal of Selected Topics in Quantum Electronics, 2002, 8 (1):163 - 172.

[12] Schenk H, Wolter A, Dauderstaedt U, et al. Micro-opto-electro-mechanical systems technology and its impact on photonic applications [J]. Journal of Microlithography Microfabrication & Microsystems, 2005, 4 (4): 651 - 652.

[13] Neukermans A, Ramaswami R. MEMS technology for optical networking applications [J]. IEEE Communications Magazine, 2001, 39 (1):62 - 69.

[14] Walker J A. Future of MEMS in telecommunications networks [J]. Journal of Micromechanics & Microengineering, 2000, 10 (3):R1.

[15] Larson L E, Hackett R H, Melendes M A, et al. Micromachined microwave actuator (MIMAC) technology-a new tuning approach for microwave integrated circuits [C]//IEEE, 1991: 27 - 30.

[16] De L S H J, Fischer G, Tilmans H A C, et al. RF MEMS for ubiquitous wireless connectivity. Part I. Fabrication [J]. Microwave Magazine IEEE, 2005, 5 (4): 36 -49.

[17] Grayson A C R, Shawgo R S, Johnson A M, et al. A BioMEMS review: MEMS technology for physiologically integrated devices [J]. Proceedings of the IEEE, 2004, 92 (1): 6 - 21.

[18] Velten T, Ruf H H, Barrow D, et al. Packaging of bio-MEMS:

strategies, technologies, and applications [J]. IEEE Transactions on Advanced Packaging, 2005, 2 8 (4):533 – 546.

[19] Felton M J. Product Review: Lab on a chip: Poised on the brink [J]. Analytical Chemistry, 2003, 75 (23): 505A – 508A.

[20] Vilkner T, Janasek D, Manz A. Micro Total Analysis Systems. Recent Developments [J]. Analytical Chemistry, 2004, 76 (12): 3373 – 3386.

[21] Manz A, Graber N, Widmer H M. Miniaturized total chemical analysis systems: a novel concept for chemical sensing [J]. Sensors and actuators B: Chemical, 1990, 1 (1):244 – 248.

[22] 方肇伦. 微流控分析芯片 [M]. 北京：科学出版社，2003.

[23] 林秉承，秦建华. 微流控芯片实验室 [M]. 北京：科学出版社，2006.

[24] 林秉承，秦建华. 图解微流控芯片实验室 [M]. 北京：科学出版社，2008.

[25] Fuerstman M J, Garstecki P, Whitesides G M. Coding/decoding and reversibility of droplet trains in microfluidic networks [J]. Science, 2007, 315 (5813): 828 – 832.

[26] Prakash M, Gershenfeld N. Microfluidic bubble logic [J]. Science, 2007, 315 (5813): 832 – 835.

[27] Grover W H, Mathies R A. An integrated microfluidic processor for single nucleotide polymorphism-based DNA computing [J]. Lab on a Chip, 2005, 5 (10): 1033 –1040.

[28] Northrup M A, Ching M T, White R M, et al. DNA amplification with a microfabricated reaction chamber [C]//Transducers. 1993, 93: 924 – 926.

[29] Daniel J H, Iqbal S, Millington R B, et al. Silicon microchambers for DNA amplification [J]. Sensors and Actuators A: Physical, 1998, 71 (1):81 – 88.

[30] Lee D S, Park S H, Yang H, et al. Bulk-micromachined submicroliter-volume PCR chip with very rapid thermal response and low power consumption [J]. Lab on a Chip, 2004, 4 (4): 401 – 407.

[31] Wilding P, Shoffner M A, Kricka L J. PCR in a silicon microstructure [J]. Clinical Chemistry, 1994, 40 (9): 1815 – 1818.

[32] Shoffner M A, Cheng J, Hvichia G E, et al. Chip PCR. I. Surface passivation of microfabricated silicon-glass chips for PCR [J]. Nucleic Acids Research, 1996, 24 (2): 375 – 379.

[33] Nagai H, Murakami Y, Morita Y, et al. Development of a microchamber array for picoliter PCR [J]. Analytical chemistry, 2001, 73 (5):1043 – 1047.

[34] Zou Q, Sridhar U, Chen Y, et al. Miniaturized independently controllable multichamber thermal cycler [J]. IEEE Sensors Journal, 2003, 3 (6): 774 – 780.

[35] Zhao Z, Cui Z, Cui D, et al. Monolithically integrated PCR biochip for DNA amplification [J]. Sensors and Actuators A: Physical, 2003, 108 (1): 162 – 167.

[36] Yan W P, Du L Q, Wang J, et al. Simulation and experimental study of PCR chip based on silicon [J]. Sensors and Actuators B: Chemical, 2005, 108 (1): 695 – 699.

[37] 赵燕青, 崔大付. 集成型 PCR 芯片的研究 [J]. 传感器与微系统, 2006, 25 (8): 38 – 39.

［38］ Utsumi Y，Hitaka Y，Matsui K，et al. Planar microreactor for biochemical application made from silicon and polymer films ［J］. Microsystem technologies，2007，13（5－6）：425－429.

［39］ Kopp M U，De Mello A J，Manz A. Chemical amplification：continuous-flow PCR on a chip ［J］. Science，1998，280（5366）：1046－1048.

［40］ Waters L C，Jacobson S C，Kroutchinina N，et al. Multiple sample PCR amplification and electrophoretic analysis on a microchip ［J］. Analytical chemistry，1998，70.（24）：5172－5176.

［41］ Lagally E T，Medintz I，Mathies R A. Single-molecule DNA amplification and analysis in an integrated microfluidic device ［J］. Analytical chemistry，2001，73（3）：565－570.

［42］ Sun K，Yamaguchi A，Ishida Y，et al. A heater-integrated transparent microchannel chip for continuous-flow PCR ［J］. Sensors and Actuators B：Chemical，2002，84（2）：283－289.

［43］ 刘金华，殷学锋，徐光明，等．流动型微流控 PCR 扩增芯片的研究 ［J］. 高等学校化学学报，2003，24（2）：232－235.

［44］ Obeid P J，Christopoulos T K. Continuous-flow DNA and RNA amplification chip combined with laser-induced fluorescence detection ［J］. Analytica Chimica Acta，2003，494（1）：1－9.

［45］ Easley C J，Karlinsey J M，Bienvenue J M，et al. A fully integrated microfluidic genetic analysis system with sample-in-answer-out capability ［J］. Proceedings of the National Academy of Sciences，2006，103（51）：19272－19277.

［46］ Crews N，Wittwer C，Gale B. Continuous-flow thermal gradient PCR

[J]. Biomedical microdevices, 2008, 10 (2): 187 - 195.

[47] Sugumar D, Ismail A, Ravichandran M, et al. Amplification of SPPS150 and Salmonella typhi DNA with a high throughput oscillating flow polymerase chain reaction device [J]. Biomicrofluidics, 2010, 4 (2):024103.

[48] Xue N, Yan W. Glass-based continuous-flow pcr chip with a portable control system for DNA amplification [J]. IEEE Sensors Journal, 2012, 12 (6): 1914 - 1918.

[49] Cheng J Y, Hsieh C J, Chuang Y C, et al. Performing microchannel temperature cycling reactions using reciprocating reagent shuttling along a radial temperature gradient [J]. Analyst, 2005, 130 (6): 931 - 940.

[50] 姚李英, 张瑜, 刘保安, 等. PMMA 基微流控芯片的准分子激光制备方法研究 [J]. 高等学校化学学报, 2004, 25 (z1): 37 - 38.

[51] Qi H, Wang X, Chen T, et al. Fabrication and characterization of a polymethyl methacrylate continuous-flow PCR microfluidic chip using CO_2 laser ablation [J]. Microsystem technologies, 2009, 15 (7): 1027 - 1030.

[52] Lounsbury J A, Poe B L, Do M, et al. Laser-ablated poly (methyl methacrylate) microdevices for sub-microliter DNA amplification suitable for micro-total analysis systems [J]. Journal of Micromechanics and Microengineering, 2012, 22 (8): 085006.

[53] Fukuba T, Yamamoto T, Naganuma T, et al. Microfabricated flow-through device for DNA amplification-towards in situ gene analysis [J]. Chemical Engineering Journal, 2004, 101 (1): 151 - 156.

[54] Kim J A, Lee J Y, Seong S, et al. Fabrication and characterization of a PDMS-glass hybrid continuous-flow PCR chip [J]. Biochemical Engineering Journal, 2006, 29 (1):91 – 97.

[55] Yu C, Liang W, Kuan I, et al. Fabrication and characterization of a flow-through PCR device with integrated chromium resistive heaters [J]. Journal of the Chinese Institute of Chemical Engineers, 2007, 38 (3):333 – 339.

[56] Ramalingam N, San T C, Kai T J, et al. Microfluidic devices harboring unsealed reactors for real-time isothermal helicase-dependent amplification [J]. Microfluidics and nanofluidics, 2009, 7 (3): 325 – 336.

[57] Ramalingam N, Liu H B, Dai C C, et al. Real-time PCR array chip with capillary-driven sample loading and reactor sealing for point-of-care applications [J]. Biomedical microdevices, 2009, 11 (5): 1007 –1020.

[58] Wu W, Trinh K T L, Lee N Y. Flow-through PCR on a 3D qiandu-shaped polydimethylsiloxane (PDMS) microdevice employing a single heater: toward microscale multiplex PCR [J]. Analyst, 2012, 137 (9):2069 – 2076.

[59] Zhou P, Young L, Chen Z. Weak solvent based chip lamination and characterization of on-chip valve and pump [J]. Biomedical microdevices, 2010, 12 (5): 821 – 832.

[60] Sundberg S O, Wittwer C T, Gao C, et al. Spinning disk platform for microfluidic digital polymerase chain reaction [J]. Analytical chemistry, 2010, 82 (4): 1546 –1550.

[61] Hashimoto M，Chen P C，Mitchell M W，et al. Rapid PCR in a continuous flow device [J]. Lab on a Chip，2004，4 (6)：638 – 645.

[62] Rötting O，Röpke W，Becker H，et al. Polymer microfabrication technologies [J]. Microsystem Technologies，2002，8 (1)：32 – 36.

[63] Hong T F，Ju W J，Wu M C，et al. Rapid prototyping of PMMA microfluidic chips utilizing a CO_2 laser ［J］. Microfluidics and nanofluidics，2010，9 (6)：1125 – 1133.

[64] Ueda M，Nakanishi H，Tabata O，et al. Imaging of a band for DNA fragment migrating in microchannel on integrated microchip [J]. Materials Science and Engineering：C，2000，12 (1)：33 – 36.

[65] Liu J，Hansen C，Quake S R. Solving the "world-to-chip" interface problem with a microfluidic matrix [J]. Analytical chemistry，2003，75 (18)：4718 – 4723.

[66] Chen L，West J，Auroux P A，et al. Ultrasensitive PCR and real-time detection from human genomic samples using a bidirectional flow microreactor ［J］. Analytical chemistry，2007，79 (23)：9185 – 9190.

[67] Zhang N，Tan H，Yeung E S. Automated and integrated system for high-throughput DNA genotyping directly from blood [J]. Analytical chemistry，1999，71 (6)：1138 –1145.

[68] Lee D S，Tsai C Y，Yuan W H，et al. A new thermal cycling mechanism for effective polymerase chain reaction in microliter volumes [J]. Microsystem technologies，2004，10 (8 – 9)：579 – 584.

[69] Pak N，Saunders D C，Phaneuf C R，et al. Plug-and-play，infrared，

laser-mediated PCR in a microfluidic chip [J]. Biomedical microdevices, 2012, 14 (2): 427 - 433.

[70] Slyadnev M N, Tanaka Y, Tokeshi M, et al. Photothermal temperature control of a chemical reaction on a microchip using an infrared diode laser [J]. Analytical chemistry, 2001, 73 (16): 4037 - 4044.

[71] Shah J J, Sundaresan S G, Geist J, et al. Microwave dielectric heating of fluids in an integrated microfluidic device [J] . Journal of Micromechanics and Microengineering, 2007, 17 (11): 2224 - 2230.

[72] Shaw K J, Docker P T, Yelland J V, et al. Rapid PCR amplification using a microfluidic device with integrated microwave heating and air impingement cooling [J]. Lab on a Chip, 2010, 10 (13): 1725 - 1728.

[73] Mao H, Yang T, Cremer P S. A microfluidic device with a linear temperature gradient for parallel and combinatorial measurements [J]. Journal of the American Chemical Society, 2002, 124 (16): 4432 - 4435.

[74] Zhang H D, Zhou J, Xu Z R, et al. DNA mutation detection with chip-based temperature gradient capillary electrophoresis using a slantwise radiative heating system [J]. Lab on a Chip, 2007, 7 (9): 1162 -1170.

[75] Selva B, Marchalot J, Jullien M C. An optimized resistor pattern for temperature gradient control in microfluidics [J] . Journal of Micromechanics and Microengineering, 2009, 19 (6): 065002.

[76] Zhang C, Xing D. Microfluidic gradient PCR (MG-PCR): a new

method for microfluidic DNA amplification [J]. Biomedical microdevices, 2010, 12 (1)：1 – 12.

[77] 傅秦生，何雅玲，赵小明，等．热工基础与应用 [M]．北京：机械工业出版社，2002.

[78] Thomas S, Orozco R L, Ameel T. Thermal gradient continuous-flow PCR：a guide to design [J]. Microfluidics and Nanofluidics, 2014, 17 (6)：1039 – 1051.

[79] 何文波，闫卫平，郭吉洪．生物芯片微加工技术的研究 [J]. 仪表技术与传感器，2003 (1)：10 – 13.

[80] 闫卫平，朱剑波，马灵芝等．Cr 金属薄膜温度传感器的研究 [J]. 仪器仪表学报，2004，25 (4)：310 – 311.

[81] 周金芳，梁素珍．关于镍薄膜热电阻研制的几个问题 [J]. 浙江大学学报（工学版），2002，36 (1)：66 – 68.

[82] 邓延佳．金属膜正温度系数热敏材料的研究 [D]. 华中科技大学，2008.

[83] 王小军，李义兵，周继承．薄膜温度传感器敏感功能膜 [J]. 材料导报，2005，19 (4)：67 – 70.

[84] 王小军．合金薄膜温度传感器高性能敏感膜的研究 [D]. 中南大学，2006.

[85] Grover J, Juncosa R D, Stoffel N, et al. Fast PCR thermal cycling device [J]. IEEE Sensors Journal，2008，8 (5)：476 – 487.

[86] Crews N, Ameel T, Wittwer C, et al. Flow-induced thermal effects on spatial DNA melting [J]. Lab on a Chip, 2008, 8 (11)：1922 – 1929.

[87] 贾力，方肇洪，钱兴华．高等传热学 [M]．北京：高等教育出版

社，2003.

[88] 王玮．硅基微聚合酶链式反应芯片的热设计、分析和优化 [D]. 北京：清华大学，2005.

[89] 王玮，李志信，过增元．微腔型 PCR 芯片的多体系集总热容法分析 [J]. 工程热物理学报，2004，25（2）：308－310.

[90] Liu C，Mauk M G，Bau H H. A disposable, integrated loop-mediated isothermal amplification cassette with thermally actuated valves [J]. Microfluidics and nanofluidics，2011，11（2）：209－220.

[91] 刘奎，苑伟政，邓进军，等．微型热敏传感器的薄膜电阻设计研究 [J]. 中国机械工程，2005，16（z1）：202－204.

[92] 陈忠浩．聚焦离子束淀积 Pt 薄膜性质的研究 [D]. 复旦大学，2006.

[93] 江素华，唐凌，王家楫．聚焦离子束诱发金属有机化学气相淀积碳-铂薄膜 [J]. 半导体学报，2004，25（11）：1458－1463.

[94] 张维新．半导体传感器 [M]. 天津：天津大学出版社，1990.

[95] 陈花玲．机械工程测试技术 [M]. 北京：机械工业出版社，2008.

[96] 张应迁，张洪才．ANSYS 有限元分析从入门到精通 [M]. 北京：人民邮电出版社，2010.

[97] Miller A，Barnett G D. Chemical vapor deposition of tungsten at low pressure [J]. Journal of The Electrochemical Society，1962，109（10）：973－976.

[98] M. 夸克，Quirk M，Serda J，et al. 半导体制造技术 [M]. 北京：电子工业出版社，2004.

[99] 苑伟政，乔大勇．微机电系统 [M]. 西安：西北工业大学出版社，2011.

[100] Deal B E，Grove A S. General relationship for the thermal oxidation

of silicon [J]. Journal of Applied Physics，1965，36（12）：3770 - 3778.

[101] Anderson J R，Chiu D T，Wu H，et al. Fabrication of microfluidic systems in poly（dimethylsiloxane）[J]. Electrophoresis，2000，21：27 - 40.

[102] Yun D J，Seo T I，Park D S. Fabrication of biochips with micro fluidic channels by micro end-milling and powder blasting [J]. Sensors，2008，8（2）：1308 - 1320.

[103] Lounsbury J A，Poe B L，Do M，et al. Laser-ablated poly（methyl methacrylate）microdevices for sub-microliter DNA amplification suitable for micro-total analysis systems ［J］.Journal of Micromechanics and Microengineering，2012，22（8）:085006.

[104] 颜流水，梁宁，罗国安，等．整体式 PDMS 电泳芯片快速成型及高灵敏化学发光检测氨基酸 [J]. 高等学校化学学报，2003，24（7）：1193 - 1197.

[105] Yu X，Zhang D，Li T，et al. 3-D microarrays biochip for DNA amplification in polydimethylsiloxane（PDMS）elastomer [J]. Sensors and Actuators A：physical，2003，108（1）：103 - 107.

[106] 张峰，张宏毅，周勇亮，等．湿法腐蚀硅制作 PDMS 微流控芯片 [J]．机械工程学报，2006，41（11）：194 - 198.

[107] 夏飞．PDMS 微流控芯片的制备工艺研究 [D].南京：南京理工大学，2010.

[108] 陆振华，许宝建，金庆辉，等．用于 PDMS 微芯片塑性成型的 SU-8 模具制作工艺的优化 [J].功能材料与器件学报，2008，14（3）：639 - 644.

[109] 张立国，陈迪，杨帆，等 . SU-8 胶光刻工艺研究 [J]. 光学精密工程，2002，10（3）：266 - 269.

[110] Chen G, Bao H, Li J, et al. Fabrication of poly（dimethylsiloxane）-based capillary electrophoresis microchips using epoxy templates [J]. Microchimica Acta，2006，153（3 - 4）：151 - 158.

[111] 刘长春，崔大付，王利 . 聚二甲基硅氧烷微流体芯片的制作技术 [J]. 传感器技术，2004，23（7）：77 - 80.

[112] 李永刚 . PDMS 微流控芯片关键工艺技术研究 [D]. 北京：中国科学院研究生院（长春光学精密机械与物理研究所），2006.

[113] 沈德新，张峰，张春权，等 . 聚二甲基硅氧烷中真空氧等离子体表面改性与键合 [J]. 厦门大学学报：自然科学版，2006，44（6）：792 -795.

[114] 叶雄英，施缪佳，朱荣，等 . PDMS 氧等离子体表面改性工艺参数优化 [J]. 清华大学学报（自然科学版），2010（12）：1974 - 1977.

[115] Duffy D C，McDonald J C，Schueller O J A，et al. Rapid prototyping of microfluidic systems in poly（dimethylsiloxane）[J]. Analytical chemistry，1998，70（23）：4974 - 4984.

[116] Lee J N，Park C，Whitesides G M. Solvent compatibility of poly（dimethylsiloxane）-based microfluidic devices [J]. Analytical chemistry，2003，75（23）：6544 -6554.

[117] 陈启勇 . LED 路灯散热器自然对流研究 [D]. 重庆：重庆大学，2011.

[118] 敬文娟 . 矩形翅片和开缝翅片自然对流换热模拟研究 [D]. 郑州：郑州大学，2012.

[119] 朱福龙. 基于工艺力学的 MEMS 封装若干基础问题研究 [D]. 华中科技大学, 2007.

[120] 李秀清, 周继红. MEMS 封装技术现状与发展趋势 [J]. 微纳电子技术, 2001, 38 (5):1-4.

[121] 王海宁, 王水弟, 蔡坚等. 先进的 MEMS 封装技术 [J]. 半导体技术, 2003, 28 (6):7-10.

[122] Jong S K, Takehide Y, Chin C L. Fluxless bonding of silicon to copper with High-temperature Ag-Sn Joint made at Low Temperature [C]. Electronic Components and Technology Conference, 2008: 1706-1711.

[123] 魏松胜. 倒装芯片封装对 MEMS 器件性能的影响 [D]. 东南大学, 2010.

[124] Kim J H, Kang I S, Song C J, et al. Flip-chip packaging solution for CMOS image sensor device [J]. Microelectronics Reliability, 2004, 44: 155-161.

[125] 郑宗林. MEMS 封装中的倒装芯片凸点技术 [D]. 华中科技大学, 2004.

[126] 陆军. MCM 中倒装焊接技术研究 [D]. 南京理工大学, 2006.

[127] Hashino E. Micro-ball Wafer Bumping for Flip Chip Interconnection [C]. Proceedings of 51st Electronic Components and Technology Conference, USA: 2001, 957-964.

[128] Li JF, Rao HB, Hou B, et al. Investigation on Improving the Extraction Efficiency of Power White LEDs with Slurry Method [J]. Chinese Journal of Luminescence, 2009, 30 (1): 19-24.

[129] Edward Katende, Arthur Jutan. Experimental evaluation of predictive

temperature control for a Batch Reactor System［J］. IEEE Systems Technology，2000，8（1）：2 -12.

［130］ Qiu X B，Yuan J Q，Wang Z F，Feedforward variable structural proportional-integral-derivative for temperature control of Polymerase Chain Reaction［J］. Chinese Journal of Chemical Engineering，2006，14（2）：200 - 206.

［131］ Han J C，Wang X D，Liu C. PCR temperature control for microfluidic chips［J］. Optics and Precision Engineering，2003，11（4）：247 -250.

［132］谢楷，赵建 . MSP430 系列单片机系统工程设计与实践［M］. 北京：机械工业出版社，2009.

［133］ Zhao J B，Zhao Y J，Yu Y F，et al. A PCR amplified reaction analyzer［J］. Journal of Scientific Instruments，2006，27：209 - 211.

［134］张晞，王德银，张晨 . MSP430 系列单片机实用 C 语言程序设计［M］. 北京：人民邮电出版社，2005.

［135］ Ross D，Locascio L E. Microfluidic temperature gradient focusing ［J］. Analytical chemistry，2002，74（11）：2556 - 2564.

［136］ Ohashi T，Kuyama H，Hanafusa N，et al. A simple device using magnetic transportation for droplet-based PCR ［J］. Biomedical microdevices，2007，9（5）：695 -702.

［137］ Schaerli Y，Wootton R C，Robinson T，et al. Continuous-flow polymerase chain reaction of single-copy DNA in microfluidic microdroplets［J］. Analytical chemistry，2009，81（1）：302 - 306.

［138］ Zou Q，Miao Y，Chen Y，et al. Micro-assembled multi-chamber thermal cycler for low-cost reaction chip thermal multiplexing［J］.

Sensors and Actuators A: Physical，2002，102 (1)：114 – 121.

[139] Zou Z Q，Chen X，Jin Q H，et al. A novel miniaturized PCR multi-reactor array fabricated using flip-chip bonding techniques [J]. Journal of Micromechanics and Microengineering，2005，15 (8)：1476.